Kurt Floericke

Einheimische Fische

Die Süßwasserfische unsrer Heimat

bremen
university
press

Kurt Floericke

Einheimische Fische

Die Süßwasserfische unsrer Heimat

ISBN/EAN: 9783955621537

Auflage: 1

Erscheinungsjahr: 2013

Erscheinungsort: Bremen, Deutschland

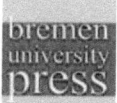

bremen
university
press

Dr. K. Floericke
Einheimische Fische

Kosmos, Gesellschaft der Naturfreunde
Franckh'sche Verlagshandlung·Stuttgart

M 1.—

Einheimische Fische

Die Süßwasserfische unsrer Heimat

Von

Dr. Kurt Floericke

Mit zahlreichen Abbildungen nach
Originalaufnahmen u. Zeichnungen
von Dr. E. Bade, Oberlehrer W.
Koehler, R. Oeffinger u. a. und
einem Umschlagbild von R. Oeffinger

Stuttgart

Kosmos, Gesellschaft der Naturfreunde

Geschäftsstelle: Franckh'sche Verlagshandlung

„Ach, wüßteſt du, wie's Fiſchlein iſt
So wohlig auf dem Grund,
Du ſtiegſt herunter wie du biſt
Und würdeſt erſt geſund!"

Ob Altmeiſter Goethe, der ja bekanntlich auch einen recht tiefen
Einblick in das weite Reich der Natur getan hat, recht hat, wenn er
in einem ſeiner formvollendetſten Gedichte, in dem faſt italieniſchen
Wohlklang atmenden „Fiſcher", von dem Wohligſein der Fiſche ſpricht
und den Menſchen ſie darum beneiden läßt? Der Naturforſcher wird
entſchieden antworten, daß hier die Phantaſie mit dem Dichter durch=
gegangen ſei. Die Natur iſt ja durchaus nicht die allgütige und all=
ſorgende Mutter, als die eine ſentimentale Weltauffaſſung ſie hinzu=
ſtellen beliebt, ſondern vielmehr eine recht rauhe Erzieherin, die
eine gar ſtrenge und nachſichtsloſe, oft geradezu zu raffinierter
Grauſamkeit geſteigerte Ausleſe unter ihren „Kindern" hält, der
das Schickſal des Individuums gleichgültig iſt, wenn ſich nur Ausſicht
bietet, den Beſtand der Art zu erhalten. Und wenn aus dieſen
Gründen ſchon auf dem Feſtlande ein rückſichtsloſer Kampf aller
gegen alle tobt, ſo herrſcht ein ſolcher in tauſendfach vergrößerter und
verbitterter Form im ſcheinbar ſo friedlichen Waſſer, und beſonders
unter deſſen höchſt entwickelten Bewohnern, den Fiſchen, unter denen
ja ausſchließliche Pflanzenfreſſer eine Seltenheit ſind, während grim=
mige Räuber in Unzahl das feuchte Element bevölkern. Das ganze
Daſein der „wohligen" Fiſche iſt ein faſt ununterbrochenes Hetzen
und Jagen, Verfolgen und Verfolgtwerden, alles dreht ſich bei ihnen
ums Freſſen oder Gefreſſenwerden, ſolange nicht für mehr oder
minder kurze Zeit der allmächtige Fortpflanzungsinſtinkt alles
andere in den Hintergrund drängt, die ſonſt Unerſättlichen zu
wochen= und monatelangem Faſten verurteilt und ganze Millionen=
heere zu weiten Wanderungen veranlaßt, die in der rückſichtsloſen,
faſt brutalen Art ihrer Ausführung etwas geradezu Fanatiſches und

hypnotisierendes an sich haben. Da also der Kampf ums Dasein in den Gewässern noch unerbittlicher tobt als auf dem Festlande, wird es ohne weiteres begreiflich erscheinen, wenn die einzelnen Arten ihm nach dieser oder jener Richtung hin in weitgehender Weise angepaßt wurden, und wir werden ja im folgenden verschiedentlich Gelegenheit haben, solche Anpassungserscheinungen und ihre tief= gehende Bedeutung und Wirksamkeit für die Biologie der Fische kennen zu lernen.

Selbst dem Laien, der öfters vor einem Aquarium gestanden hat, wird bald auffallen, daß er die Fische eigentlich jedesmal und zu jeder Tages- oder Nachtzeit in mehr oder minder lebhafter Bewegung, jedenfalls fast nie ganz ohne solche vorfindet. Bei einigem Nach= denken muß er sich schließlich ganz von selbst fragen, ob denn diese unermüdlichen Tiere eigentlich überhaupt nicht schlafen. Diese Frage ist keineswegs so naiv, wie sie auf den ersten Anblick erscheinen mag, denn bis in die neueste Zeit hinein haben auch angesehene Fach= gelehrte der Meinung zugeneigt, daß die Fische tatsächlich überhaupt keines Schlafes bedürfen. Daß diese Anschauung so lange Zeit hindurch sich behaupten konnte, wird erklärlicher, wenn wir beden= ken, daß das Hauptzeichen echten Schlafes, das geschlossene Auge, bei der Mehrzahl der Fische in Wegfall kommt, indem sie keine Augenlider haben. Das sonst so bewegliche Fischauge bleibt aber im Schlafe starr und ruhig, ohne jedoch seine Funktion völlig aus= zusetzen. Und das ist auch nötig, denn da das Gehör bei der großen Mehrzahl der Fische fast völlig versagt, muß das offene Auge ihren Schlaf behüten, wohingegen bei dem schlafenden Menschen das Gehör nicht gänzlich außer Funktion tritt und ihm eine herannahende Gefahr oft noch rechtzeitig genug verrät. Doch gibt es auch Fische, die Augenlider haben, wie z. B. die Haie und Rochen, und diese schließen im Schlafe auch das Auge fast völlig, während sich gleich= zeitig die Pupille ganz wie bei uns Menschen verengt. Nur die ungemein schwierige Beobachtung solcher großen Meeresfische ist schuld daran, daß diese Tatsache so lange übersehen wurde, die man erst neuerdings an dem kleinen Katzenhai, der zu den gewöhnlichen Bewohnern der Schauaquarien gehört, festgestellt hat. Wir müssen übrigens zweierlei Arten von Schlaf bei den Fischen unterscheiden, nämlich einerseits den lethargischen Erstarrungszustand, in den gewisse Fische während der Winterkälte oder Sommerdürre für längere Zeit verfallen, der also ganz dem **Winter-** oder **Sommer-schlaf** gewisser Säuger, Kriechtiere und Lurche entspricht, und andrerseits den eigentlichen Nacht-, bezüglich Tagesschlaf. Der erstere ist ja schon seit längerer Zeit bekannt. Wir wissen, daß alle Fische, die bekanntlich zu den Kaltblütern gehören, nur innerhalb bestimmter Temperaturgrenzen zu existieren und nur bei einem gewissen Tempe-raturoptimum ihre volle Lebenstätigkeit zu entfalten vermögen. Freilich sind diese Temperaturzonen bei den einzelnen Arten außer-ordentlich verschieden, was ja nicht weiter Wunder nehmen kann, wenn wir bedenken, daß manche Fische zwischen den Eisschollen der Nordmeere sich tummeln, andere dagegen in den lauwarmen Wassern der tropischen Riesenströme oder gar in heißen Quellen wohnen, die wie diejenigen von Aix eine Wärme von 45 Grad Celsius auf-weisen. Wenn auch die widerstandsfähigeren Fische sich im Aquarium allmählich an eine nicht unbeträchtlich kältere oder auch wärmere Temperatur gewöhnen lassen, als sie im Freileben gewohnt sind, so weiß doch jeder Aquarienbesitzer, wie überraschend empfindlich seine Pfleglinge sich gegen plötzliche Temperaturschwankungen selbst geringfügiger Art zu zeigen pflegen. So erklärt sich auch die merk-würdige Tatsache, daß Aquarienfische sich sehr leicht erkälten, obwohl sie doch im Wasser selbst leben, und vereinzelte Ausnahmefälle, wo Tropenfische bei einer Temperatur von nur wenigen Graden völlig erstarrten und schon für tot gehalten wurden, dann aber beim Erwärmen zu neuem Leben erwachten, bestätigen nur die Regel. In freier Natur dagegen dürften Erkältungserscheinungen bei Fischen nur äußerst selten vorkommen, da ja die natürlichen Gewässer sich nur ganz langsam erwärmen oder abkühlen. Wird aber dabei eine gewisse Grenze überschritten, so erleidet die aktive Lebenstätigkeit der Fische eine immer weiter gehende Herabminderung, die schließ-lich in unserem Klima zur Erscheinung des lethargischen Winter-schlafes führt. Unsere Weißfische und **Karpfen** z.B. fallen in einen solchen bei einer Wassertemperatur von $+ 4—6^o$ C, nachdem sie sich vorher scharenweise im Schlamm eingewühlt und sich hier oft so dicht aneinander gedrängt haben, wie Pökelheringe in einer vollgepfropften Tonne. Während dieses Winterschlafes wird ganz wie bei Hamstern oder Fledermäusen die Tätigkeit des Herzens und sonstiger Muskeln, sowie die der Atmungs- und Ausscheidungsorgane auf ein Minimum herabgesetzt (bei **Weißfischen** z.B. sinkt nach

Haempel die Zahl der Herzschläge von 20—30 auf 1—2 in der Minute), und der Körper zehrt während dieser ganzen Zeit lediglich von seinem eigenen, vorher nach Möglichkeit aufgespeicherten Fett, so daß er während des Winterschlafes einen Gewichtsverlust von 5 v. H. und mehr erleidet. Die Wärme des Frühjahrs erweckt dann die schlafenden Fische zu neuem Leben, falls nicht die Temperatur zu tief unter den Gefrierpunkt gesunken war und dadurch den zeitlichen Schlaf in einen ewigen verwandelt hat. Es ist übrigens erstaunlich, was die Fische gerade in dieser Beziehung auszuhalten vermögen. So sind verbürgte Fälle bekannt, daß Karpfen bei einer Temperatur von — 15 bis — 20° C vollständig in einen Eisblock eingefroren waren und sich dann bei ganz allmählichem und genügend vorsichtigem Auftauen doch völlig erholten. Während viele unserer Fische, wie der Hecht, auch während der rauhen Jahreszeit in Tätigkeit bleiben, bietet andrerseits unsre Fischwelt sogar manches bemerkenswerte Gegenstück zu dem Sommerschlaf der Tropenfische, der bei den in wissenschaftlicher Hinsicht so bemerkenswerten Lungenfischen seine höchste Vollendung erreicht und den Zweck verfolgt, beim Austrocknen der Wohngewässer die sommerliche Dürre ohne Schaden überdauern zu können. So erzählt Antipa aus dem Donaugebiete, daß er den Schlammpeißker wiederholt in durchaus lebensfähigem Zustande tief im Schlamm vergraben angetroffen habe, während seine Wohntümpel so scharf ausgetrocknet waren, daß man mit beladenen Wagen darüber hinwegfahren konnte. Das wird erklärlich, wenn wir an die später noch näher zu besprechende Darmatmung dieses merkwürdigen Fisches denken.

Viel weniger zahlreich sind aus dem schon erwähnten Grunde sichere Beobachtungen über den eigentlichen Schlaf der Fische, aber sie mehren sich in neuerer Zeit auffallend, so daß wir wohl annehmen dürfen, daß die Mehrzahl der Fische der süßen Wohltat des Schlafes nicht zu entbehren braucht, was ja auch physiologisch kaum denkbar wäre. Doch scheint soviel festzustehen, daß das Schlafbedürfnis der Fische ein ungleich geringeres ist, als das der übrigen Wirbeltiere und daß es sich noch am ehesten bei drückender Hitze und sauerstoffarmem Wasser geltend macht, bei den einzelnen Arten sehr verschieden stark ausgeprägt ist und auch individuelle Abweichungen nicht vermissen läßt. Insbesondere scheinen bestimmte Schlafstellungen für die einzelnen Arten kennzeichnend zu sein. Viele

Fische schlafen in der gewöhnlichen Schwimmstellung freischwebend im Wasser, andere begeben sich zum Boden herab, drehen hier den Kopf der Strömung entgegen und stützen sich auf Brust= und Bauch=, sowie auf den unteren Rand der Schwanzflosse. Der Katzenhai steht senkrecht auf dieser, während er zugleich den Kopf an einen Stein oder an die Glaswand des Aquariums anlehnt, die Lipp= fische legen sich auf die Seite, nehmen also im Schlafen eine ähnliche Stellung ein wie der Mensch, und die Panzerwelse des Nil legen sich nach den Beobachtungen Werners sogar auf den Rücken und treiben mit nach oben gekehrtem Bauche an der Oberfläche einher, so daß man sie unbedingt für abgestorbene Fische hält. Der von den Aquarienfreunden wegen seiner interessanten Brutpflege hoch= geschätzte Maulbrüter (das Weibchen schleppt den befruchteten Laich bis zu seiner völligen Entwicklung im Maule mit sich, das auch den Jungen während ihrer ersten Lebenstage noch als Zufluchts= stätte dient) schiebt sich zum Ausruhen flach auf ein geeignetes, oft nur wenig vom Wasser überspültes Pflanzenblatt, und die hübschen Zwergwelse Nordamerikas hängen in halbmondförmig gekrümm= ter Stellung, wie wir sie von den gekocht auf unsere Tafel kommen= den Schleien her kennen, dicht an der Wasseroberfläche. Eine ähn= liche Schlafstellung nimmt nicht selten auch unser Schlammpeitz= ker ein, indem er Kopf und Schwanz nach unten biegt, den schmieg= samen Leib aber nach oben krümmt. Auch den nahe verwandten Steinbeißer kann man bisweilen in dieser merkwürdigen Lage überraschen. Vielleicht ist sie auch auf das bei den Schlafstellungen der höheren Wirbeltiere so deutlich ausgeprägte Bestreben des Organismus zurückzuführen, während des wehrlosen Schlummers nach Möglichkeit zur primitiven, die geringste Angriffsfläche bieten= den Kugelform zurückzukehren, was den Fischen bei ihrem meist starren Leibe allerdings nur andeutungsweise möglich ist. Während des Schla= fes erscheint die Reizempfänglichkeit der Fische stark herabgemindert. Man muß ihnen schon ziemlich grob kommen, um sie aufzustören. So reagieren sie auf Steinwürfe in der Regel erst dann, wenn sie unmittelbar getroffen werden. Versuche Schmids haben gezeigt, daß sich Fische durch Zusätze von Veronal oder Trional (beide Stoffe gelten ja auch beim Menschen als Schlafmittel) zum Wasser auch künstlich einschläfern lassen, wobei sie ihre Bewegungen ganz all= mählich verlangsamen und schließlich selbst gegen unmittelbare Be=

rührungsreize unempfindlich werden. Schleien nahmen dabei eine
im Winkel von 45° schräg nach unten gerichtete Stellung ein. Auch
die Vorstufe des Schlafes, das charakteristische Ermüdungszeichen
des Gähnens, ist im Fischreiche keine unbekannte Erscheinung, so
sonderbar uns das auch anmuten mag. Namentlich in warmem und
sauerstoffarmem Wasser kann man die Fische häufig gähnen sehen,
gerade wie auch bei uns Menschen weichliches Wetter leicht Ermü=
dungszustände hervorruft. Beim Gähnen öffnet der Fisch sein Maul
sehr weit, spreizt die Kiemen, hebt seine Bauchflossen und stößt
dann mit großer Geschwindigkeit das eingesogene Wasser teils durchs
Maul, teils durch die Kiemen wieder aus. Die Stellung der Flossen
während des Schlafes ist am eingehendsten beim Schlammpeitzker
beobachtet worden; gewöhnlich werden sie dem Körper glatt angelegt,
die Brustflossen nicht selten aber auch flach ausgespreizt.

Bei dieser Gelegenheit sei gleich noch einiges über den
Schlammpeitzker oder Schlammbeißer (Cobitis fossilis) ge=
sagt, diesen wegen seiner leichten Erreichbarkeit bei der Jugend so
beliebten, wegen seiner vielen merkwürdigen Eigenarten aber auch
für den Forscher und Aquarienfreund hochinteressanten Bewohner
unserer kleinen stehenden Gewässer mit schlammigem Untergrunde.
Er lebt hier als ein echter Bodenfisch und als ein ausgesprochenes
Nachttier, das tagsüber untätig dem schlammigen Untergrunde auf=
liegt und erst mit Einbruch der Dämmerung zu regerem Leben
erwacht, um den Schlamm nach allerlei Gewürm, Schnecken und
jungen Muscheln zu durchwühlen, nebenbei wohl auch vermodernde
Pflanzenteile zu sich zu nehmen. Bekannt geworden ist der Schlamm=
beißer in weiteren Kreisen namentlich als Wetterprophet, weshalb
er auch im Volksmunde vielfach den Namen Wetterfisch führt, und
er verdient diesen Ruf sicher in höherem Grade als der zu Unrecht
gepriesene Laubfrosch. Es ist Tatsache, daß der Schlammbeißer
wenigstens gegen elektrische Veränderungen in der Atmosphäre sich
überaus empfindlich erweist und namentlich das Herannahen von
Gewitterbildungen viele Stunden vorher (angeblich sogar 24 Stunden
vorher) mit fast untrüglicher Sicherheit anzeigt. Der sonst so träge
Geselle gerät dann in lebhafte Unruhe und schwimmt rastlos unter
kräftig schlängelnden Bewegungen hin und her, kommt auch mit
sichtbarer Ängstlichkeit häufig an die Oberfläche, um Luft zu schnap=
pen. Es erscheint daher zweifellos, daß er für Fluida elektrischer

oder magnetischer oder vielleicht gar radioaktiver Herkunft besonders empfänglich ist, ohne daß wir jedoch bisher diese auffallende
Erscheinung irgendwie befriedigend aufzuklären vermöchten. Diese
Eigenschaft des Schlammbeißers bringt es mit sich, daß man ihn
in manchen Gegenden als geschätzten Wetterpropheten in einfachen
Fisch- oder Einmachgläsern mit Sandbelag hält, was für den sonst
sehr widerstandsfähigen Fisch freilich nur einen langsamen und
qualvollen Tod bedeutet. Da er ebenso wie der Steinbeißer sich
von einer geschickten Hand im Wasser ohne allzu große Schwierig-
keiten ergreifen läßt, muß er ferner in der Regel für die ersten
Aquarienversuche der lieben Jugend herhalten. Das ist sehr zu
bedauern, und es erscheint nachgerade angezeigt, auch in bezug auf
unsere Fischfauna den Naturschutz in höherem Grade zu berücksichtigen, als es bisher geschah, denn auch die Fauna unserer Binnengewässer und namentlich der kleinen Tümpel und Teiche droht infolge
rücksichtsloser Nachstellungen mehr und mehr zu veröden und zu
verarmen. Dagegen sei den modernen Aquarienfreunden, deren
praktische Kenntnisse in der Tierpflege groß genug sind, um jede
Tierquälerei auszuschließen, bei dieser Gelegenheit die sachgemäße
Haltung und Beobachtung unserer so anziehenden einheimischen
Fische, die über der Sucht nach ausländischen Neueinführungen und
-züchtungen nur allzu sehr vernachlässigt worden sind, wieder einmal
dringend ans Herz gelegt. Gibt es doch gerade an unseren so
charakteristischen einheimischen Formen, von denen nicht wenige
ebenso schön und zierlich sind, wie die berühmtesten Exoten, biologisch noch ungeheuer viel und Hochinteressantes genug zu erfor-
schen, wobei auch der bloße Liebhaber tüchtig mithelfen kann.
Übrigens ist der Schlammbeißer durchaus nicht der einzige Wetterfisch, vielmehr scheint zahlreichen Arten eine mehr oder minder
große Empfindlichkeit gegenüber den elektrischen Zuständen der Luft
eigen zu sein, und sie zeigen sich deshalb beim Herannahen eines
Gewitters vielfach beängstigt und unruhig, wenn sie es auch nicht auf
so lange Zeit vorauszuempfinden vermögen wie der Schlammbeißer.
Im Zusammenhang damit mag es stehen, daß Fische bei Gewittern
so leicht absterben, was man auf die durch die starke Temperatur-
erhöhung bewirkte Verminderung des Sauerstoffs im Wasser und
auf die durch die plötzliche Erniedrigung des Luftdrucks hervor-
gerufene Übersättigung des Wassers mit schädlichen Gasen aus dem

Untergrunde zurückgeführt hat, ohne jedoch bisher völlig über diese rätselhafte Erscheinung und über die Rolle, die die Elektrizität selbst dabei spielt, sich klar geworden zu sein. Als sehr weitblickende Wetterpropheten gelten in gewissen Gegenden z. B. auch die F o r e l = l e n. So unwahrscheinlich es auch klingt, so schwören doch viele alterfahrene Fischer darauf, daß man aus dem Verhalten dieser Fische beim Laichgeschäft sichere Schlüsse auf die Gestaltung des kommenden Winters ziehen könne. Wenn die Forellen ihre Eier an den tiefsten, starker Abkühlung des Wassers weniger ausgesetzten Stellen ablegen, soll ein harter und strenger Winter zu erwarten sein, der ja immer auch einen beträchtlichen Rückgang des Wasser=

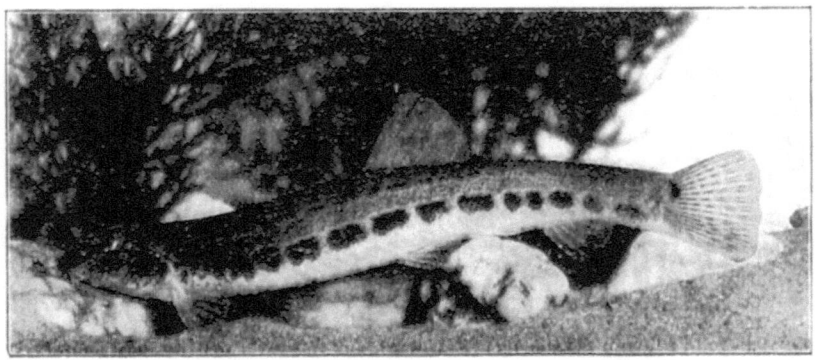

Steinbeißer (Naturaufnahme von Oberlehrer W. Koehler).

standes mit sich bringt. Laichen die Forellen aber an seichten Stellen nahe am Ufer, wo die Strömung weniger stark ist, so soll ein milder und regenreicher Winter bevorstehen.

Der etwa 30 cm lang werdende S c h l a m m b e i ß e r, um auf diesen zurückzukommen, kennzeichnet sich durch seinen langgestreck= ten zylindrischen Leib mit kleiner und spärlicher Beschuppung, die gut entwickelte, abgerundete Schwanzflosse, die zehn kurzen Bart= fäden an dem kleinen, aber sehr beweglichen Maul und durch die eigenartige Färbung: oberseits schwärzlich mit fünf gelben und braunen Längsstreifen, unterseits orangegelb mit schwarzen Tüpfeln. Der beträchtlich kleinere S t e i n b e i ß e r (Cobítis taénia) hat nur sechs Bartfäden und auf ledergelbem Grunde großfleckige braune Binden an den Seiten und auf der Rückenmitte. Bei der dritten im Bunde, der zierlichen Schmerle oder Bartgrundel (Cobitis barbátula), die ebenfalls mit sechs Barteln ausgerüstet ist und nur wenig größer wird als der Steinbeißer, ist die Färbung viel unbestimmter, meist aber oben dunkelbraungrün mit regelloser Schwarzstreifung, unten hellgrau oder graugelblich. Während der Schlammbeißer hinsichtlich des Wohnsitzes seinem Namen alle Ehre macht, liebt der Steinbeißer klare Bäche und Wiesengräben mit sandigem Untergrund, und die Schmerle ist ein Kind des reinen, flachen, schnell über festen und steinigen Boden hinströmenden Wassers. Bei allen drei Arten dient also die buntfarbige Beschuppung zugleich als Schutzfärbung. Wenn die Frühjahrsregen Tümpel und Bäche neu aufgefüllt haben, schreiten die Cobitis-Formen zur Fortpflanzung an ruhigen und geschützten Stellen ihrer Wohngewässer, und zwar legt jedes Weibchen an Pflanzen oder Steinen 100—150 000 Eierchen ab, von denen aber nur ein geringer Prozentsatz zur Entwicklung kommt. Die große Mehrzahl der Jungen fällt überdies den Raubfischen zur Beute, denen die Bartgrundeln vermöge ihrer mundgerechten Gestalt überhaupt ein besonders willkommener Bissen sind. Deshalb bleibt ihre Zahl allenthalben eine ziemlich beschränkte. Von einer Brutpflege durch das Männchen, die Leunis wahrgenommen haben will, wissen spätere Beobachter nichts mehr zu berichten. Der Steinbeißer besitzt wenigstens noch eine eigenartige Waffe gegen seine zahllosen Feinde, die bei den beiden anderen Arten nur in rudimentärem Zustande vorhanden ist. Es handelt sich um einen dem Suborbitalknochen aufsitzenden, frei beweglichen und feststellbaren Augendorn. Ergreift man den Fisch, so biegt er den Kopf nach der Hand herum und bohrt den aufgerichteten Dorn mit beträchtlichem Kraftaufwand in deren Fleisch ein. Giftig ist dieser Dorn aber nicht, wie man wohl gefabelt hat. Wirtschaftlich sind die Cobitis-Arten schon wegen ihrer Kleinheit ohne sonderliche Bedeutung, und das Fleisch des Steinbeißers ist überdies mager und zähe. Dagegen wird die Schmerle von ausgepichten Feinschmeckern als ein gar köstlicher Bissen hoch geschätzt, und schon der alte Gesner singt begeistert ihr Lob. Doch stehen diese Fischchen ungemein rasch ab und dürfen deshalb nur in ganz frischem Zustande Verwendung finden, wenn sie ihren vollen Wohlgeschmack entfalten sollen. Am besten behandelt man sie wie Neunaugen, brät sie also auf dem Rost oder mariniert sie ein.

Auf gleiche Weise behandelte Schlammbeißer, die ein gräten=
armes und nicht sehr fettes Fleisch haben, schmecken auch nicht übel,
wenn man nur die Vorsicht gebraucht, sie erst einige Tage in klarem,
fließendem Wasser zu halten, damit der ihnen sonst anhaftende
Modergeruch und =geschmack sich verliert. Heutzutage führt man
den vielen Fischen anhaftenden und ihre Verwendung für die Küche
erschwerenden Schlammgeschmack nicht mehr auf die Einwirkung
der Armleuchtergewächse zurück, sondern vielmehr auf gewisse
niedere Algen, die Oszillarien. Wo sie in großer Menge vorhanden
sind, haftet dem Fischfleische auch mehr oder minder der fatale
Schlammgeschmack an, der schließlich selbst bei Regenbogenforellen
so stark werden kann, daß er sie fast ungenießbar macht. Wo die
Oszillarien völlig fehlen, gibt es auch keinen Schlammgeschmack.
Fische, deren Haut reichlich mit Schleimdrüsen versehen ist, wie es
z. B. bei Aalen und Schleien der Fall ist, nehmen den Schlamm=
geschmack immer rascher und stärker an, aber völlig verschont bleibt
unter gegebenen Verhältnissen keiner, selbst nicht die delikate Bach=
forelle.

Daß der Schlammbeißer in seinen oft kleinen Wohntümpeln
bei heißem und trockenem Wetter nicht massenhaft zugrunde geht,
hat er der ihm eigenen und wissenschaftlich hochinteressanten Fähig=
keit der Darmatmung zu verdanken. Schon im Aquarium kann
man häufig sehen, wie die Schlammbeißer von Zeit zu Zeit fast
nach Art der Molche zur Oberfläche emporsteigen, hier einen tüchtigen
Schluck voll Luft nehmen und dann langsam wieder zum Boden
herabsinken, wie sie ja überhaupt keine Freunde überflüssiger
Bewegung sind, sondern bei Gefahr immer nur rasch von einem
Versteck nach dem andern schießen. Die mit dem Maul aufgenom=
mene Luft preßt der Schlammbeißer unter krampfhaftem Schließen
der Kiemendeckel durch seinen kurzen und fast gerade verlaufenden
Verdauungsschlauch, wo der von feinsten Blutgefäßchen umsponnene
Mitteldarm gewissermaßen als Lunge wirkt und der Luft gut die
Hälfte ihres Sauerstoffes entzieht, um sie dann unter hörbar
glucksendem Geräusch verbraucht durch den After wieder auszustoßen.
Ein völliger Ersatz für die Kiemenatmung freilich ist mit alledem
doch nicht gegeben, da nur durch diese die Ausscheidung der giftigen
Kohlensäure bewirkt werden kann und deshalb ein lediglich auf
die Darmatmung angewiesener Fisch doch zugrunde gehen muß. Diese

Darmatmung, die sich ja auch bei der am tiefsten stehenden Fisch=
form, bei dem Lanzettfischchen findet, ist wohl die ursprüngliche im
Reich der Fische gewesen, und man kann deutlich eine Entwick=
lungsreihe verfolgen, die von da über die einfachen Kiemen der
Rundmäuler, Haie und Rochen bis zu dem verwickelten Kiemen=
apparat der Knochenfische hinführt.

Der Fähigkeit der Darmatmung verdankt nun aber der
Schlammbeißer noch eine weitere und in den Kreisen der heimischen
Fischfauna höchst seltene Eigenschaft, indem er nämlich auch imstande
ist, deutlich wahrnehmbare Töne von sich zu geben. Nimmt man
ihn nämlich aus dem Wasser heraus, so hört man ein Geräusch,
das nach Johannes Müller die Mitte hält zwischen dem „Quieken
einer Maus und dem Schall eines breiten Kusses." Verursacht wird
es offenbar durch das plötzliche und krampfhafte Ausstoßen der im
Darm befindlichen Atemluft. Es ist also nicht eine freiwillige Laut=
äußerung, sondern vom Willen des Tieres völlig unabhängig, dem=
nach nicht etwa ein Balz= oder Liebeslaut, sondern so ziemlich das
gerade Gegenteil und eher mit dem Angstschrei der Vögel und
Säuger zu vergleichen oder mit dem Vorgang, durch den sich nach
einem derbdeutschen Sprichwort die „bleiche Furcht" bei Feiglingen
zu erkennen gibt.

Wesentlich stimmbegabter ist der Knurrhahn unserer Meere, und
dieser hat auch im Süßwasser eine allerdings stumme Verwandte
in der allbekannten Groppe (Cóttus góbio), der gefräßigen und
unerwünschten Begleiterin der Forelle. Das sind zwei, die sich im
wahrsten Sinne des Wortes „zum Fressen gern haben". Freilich
nicht gerade zur Freude des Forellenzüchters, der deshalb dem von
ihm verfolgten buntschimmernden Eisvogel dankbar sein sollte, der
neben Schmerlen hauptsächlich junge Groppen verzehrt, wenn sie sich
mal aus ihrem Schlupfwinkel hervorwagen. Namentlich zur Laich=
zeit der Forellen entwickelt die Groppe eine recht fatale Tätigkeit.
Durch das Plätschern der laichenden Forellen aufmerksam gemacht,
erscheint sie alsbald auf dem Schauplatze und hält hier unbekümmert
einen reichlichen Kaviarschmaus, weil Liebe auch die sonst so vor=
sichtige und wehrhafte Forelle blind macht. „Senkrecht im Wasser
stehend, den Kopf zu unterst und den Schwanz nach oben, wirbelt sie
mit den Brustflossen die leicht flottierenden Eier auf, um eines nach
dem anderen zu verschlingen. Es ist keine Seltenheit, in dem Magen

einer fingerlangen Groppe bis zu 30 Stück der erbjengroßen Forel=
leneier zu finden" (Jäger). Auch die ausgeschlüpften Jungforellen
haben in der tückisch unter Steinen auf sie lauernden Groppe, die
auch sonst alles zu überwältigende Getier und mit besonderer Vor=
liebe Libellenlarven gierig verschlingt, ihren schlimmsten Feind. Der
Spieß wird aber umgedreht, und die Stunde der Rache erscheint,
sobald die Groppe selbst im zeitigen Frühjahr zur Fortpflanzung
schreitet. Dann ist es die raublustige Forelle, die hinter den jungen
Groppen und dem Groppenlaich her ist und unnachsichtlich Vergeltung
übt. Die Begegnung mit der alten Forelle hat auch die ausgewachsene
Groppe zu scheuen, obwohl sie in solchen Fällen eine besondere

Groppe (Cottus gobio). (Naturaufnahme von Dr. E. Bade.)
(Aus: Bade, Die mitteleuropäischen Süßwasserfische.)

Schreckstellung annimmt und den Kopf durch Aufsperren der Kiemen=
strahlen drohend aufbläht. Von den in festen Klumpen von 100
bis 300 Stück abgesetzten rötlichgelben Groppeneiern würden wahr=
scheinlich wenige übrig bleiben, wenn nicht das Männchen in der
tapfersten Weise Brutpflege ausübte. Es verteidigt den zur Laich=
ablage zwischen den Steinen ausgewählten Platz aufs heldenmütigste
und ausdauerndste gegen jeden nahenden Feind, namentlich aber
auch gegen die eigenen Geschlechtsgenossen, wobei es zu so erbitterten
Kämpfen kommt, daß die Gegner sich bisweilen vollständig inein=
ander verbeißen und in diesem wehrlosen Zustande, der an den ver=
kämpfter Hirsche erinnert, mit Leichtigkeit gefangen werden. Ohne
selbst Nahrung zu sich zu nehmen, hält so das Männchen 4 bis 5

Wochen lang treulich Wacht. Um so schutzloser sind aber dann die ausgeschwärmten jungen Groppen ihren Feinden preisgegeben, zu denen außer den Eisvögeln und Forellen namentlich auch die alten Groppen selbst zählen, die bei ihrer unersättlichen Freßgier in aus= gesprochenem Maße dem Kannibalismus huldigen. Gleich der Forelle bevorzugt die Groppe klares, schnell fließendes Wasser und einen mit Steinen und Kiesgeröll bedeckten Untergrund. Deshalb ist sie auch in Gebirgsgegenden häufig, ja in manchen hochgelegenen Ge= wässern der einzige vorkommende Fisch. Sie hält sich hier tagsüber unter Steinen verborgen und schießt aufgescheucht mit großer Schnel= ligkeit durchs Wasser, aber immer nur auf kurze Strecken und geradlinig, da ihr die Schwimmblase fehlt. Zu verkennen ist sie nicht, denn der spindelförmig zulaufende, platt gedrückte Leib, der mächtige Dickkopf mit dem Riesenmaul, die auffallend großen Brust= flossen und die schuppenlose, schleimige Haut sind untrügliche Merk= male. Die im allgemeinen dunkle, mit Braun und Grau schattierte Färbung wechselt nach Wohnort, Untergrund und Individuum ganz außerordentlich, und es erscheint sicher, daß auch der Groppe das bei den Schollen so ausgeprägte und noch näher zu besprechende Farb= wechselvermögen zukommt. Bei ihrer Lebensweise muß das ein großer Vorteil für sie sein. In der Tat gehört schon ein sehr gut geschultes Auge dazu, um eine auf kiesigem Untergrund ruhende und sich dabei regungslos verhaltende Groppe aus einiger Entfer= nung zu erkennen. Daß die Groppe trotz ihrer versteckten Lebens= weise ein recht volkstümlicher Fisch ist, beweist die große Zahl ihrer Trivialnamen, deren manche recht drastisch anmuten. „Rotzkober" nannten wir Thüringer Jungen sie, wenn wir stolz zum Fischfang auszogen; Mühlkoppe, Breitschädel, Kaulquappe, Grotzfisch, Dick= und Kautzenkopf, Kaulhäuptlein, Kulheet und sogar Papst heißt sie in anderen Gegenden. Wirtschaftlich hat sie höchstens als Köderfisch einige Bedeutung, obschon sie gar nicht übel mundet. Wendet man die Steine im Bach vorsichtig um, so kann man bei einiger Übung den schlüpfrigen und großmäuligen Burschen ganz gut mit der Hand ergreifen und hat sich dabei nur vor Verletzungen durch die spitzen Flossenstrahlen zu hüten.

Da oben von der vorzüglichen Schutzfärbung der Groppe und von ihrem ausgeprägten Farbwechselvermögen die Rede war, seien hier gleich noch einige allgemeine Betrachtungen über die Färbung

der Fische eingeschaltet. Es liegt auf der Hand, daß bei dem scho=
nungslosen und ununterbrochenen Kampfe ums Dasein, der sich im
Wasser abspielt, Schutzfärbungen fast noch wichtiger erscheinen und
daher noch häufiger anzutreffen sein werden, als auf dem Festlande.
Und in der Tat fehlen sie kaum einem unserer heimischen Fische,
wenn sie uns auch nicht immer gleich als solche erscheinen wollen.
Aber wir müssen bei der Beurteilung solcher Erscheinungen eben
immer die eigentümlichen Beleuchtungs= und Färbungsverhältnisse
im Wasser berücksichtigen. Dann werden wir es sofort verstehen,
warum alle unsere Oberflächenfische eine dunkle Rückenfärbung und
eine helle Bauchfärbung mit lebhaftem Silber= oder auch Goldglanz
haben, der an den Seiten besonders lebhaft hervortritt. Beides ist
eine ausgeprägte Schutzfärbung, die gerade diese Fische um so nötiger
haben, als sie sich für gewöhnlich ja nicht in Schlupfwinkeln ver=
stecken oder auf dem Boden liegen, sondern im freien Wasser nahe
der Oberfläche ihr anziehendes Spiel treiben. Die dunkle Rücken=
färbung schützt sie vor dem scharfen Auge solcher Feinde, die aus
der Luft auf sie herabspähen, also der fischfressenden Vögel. Ein
jeder von uns weiß ja aus eigener Erfahrung, wie schwer es hält,
einen im Wasser stehenden Fisch von oben her zu erkennen. Um=
gekehrt schützt der Silberglanz des Bauches, der nach oberflächlicher
Auffassung so leicht zum Verräter werden könnte, in vortrefflicher
Weise vor den lüsternen Blicken der Raubfische, die ja gewöhnlich
tiefer im Wasser stehen oder dem Boden aufliegend auf Beute lauern,
diese also schräg von unten zu Gesicht bekommen werden. Von da
aus erscheint aber der ganze Wasserspiegel selbst bei bedecktem
Himmel in lebhaft metallischem Lichtglanz, und wenn gar funkelnde
Sonnenstrahlen die Oberfläche treffen, zucken leuchtende Lichtbündel,
die sich von dem Aufblitzen der hin und her schwimmenden Fische
kaum unterscheiden lassen, allenthalben auf, wovon sich jeder leicht
beim Baden überzeugen kann. Schon vor mehr als 40 Jahren hat
Gustav Jäger diese Entdeckung gemacht, die dann aber in Vergessen=
heit geraten war und erst neuerdings ohne Namensnennung wieder
ausgegraben wurde. Daß der nahe der Oberfläche befindliche Beute=
fisch auf silbrigem Grunde silbern erscheint, somit nur sehr schwer
sichtbar ist, wird nach den Untersuchungen von Popoff und Kapelkin
physikalisch dadurch erklärt, daß die Fische infolge der eigentüm=
lichen Lage ihrer Augen die Wasseroberfläche höchstens unter einem

Winkel von etwa 45° fehen, die in einem folchen Winkel auf die
Wafferfläche fallenden Lichtstrahlen aber diefe niemals durchdringen
können, fondern völlig zurückgeworfen werden. Etwas abweichender
Anficht ift in neuefter Zeit Franz, indem er glaubt, daß die filberne
Bauchfeite, wie fie bei Hering und Makrele befonders fchön aus=
gebildet ift, als Spiegel wirke, wenn auch mit dem Unterfchiede,
daß fie das Licht meift nur fehr diffus (zerstreut) zurückwirft. Dem=
gemäß würde alfo ein folcher Silberfpiegel lediglich die Farbe des
Wohngewäffers felbft wiedergeben, gleichviel ob diefe ins Bläuliche,
Grünliche oder Bräunliche fällt, und die Natur hätte mit diefer
automatifchen Farbenanpaffung durch Spiegelwirkung eine ver=
blüffend einfache und doch äußerft wirkungsvolle Leiftung vollbracht.
Daß die uns Menfchen fo auffallende Silberfärbung aber zum min=
deften als Schutzfärbung aufzufaffen ift, geht fchon daraus hervor,
daß fie allen Bodenfifchen, wie auch den Tieffeefifchen als zwecklos
völlig fehlt. Denn im Ozean verfchwinden fchon bei 500 m Tiefe
die Silberbäuche völlig, und Rot ift nun zur überwiegenden Schutz=
farbe geworden, während mit 1000 m Meerestiefe ein mehr oder
minder tiefes oder getrübtes Schwarz diefe Rolle faft ausfchließlich
übernimmt, da ja Schwarz in den fchauerlich finfteren Tiefen des
Weltmeers naturgemäß den beften Schutz gewährt, auch gegenüber
den Leuchtorganen, mit denen viele Raubfifche zum Auffuchen
oder Anlocken ihrer Beute ausgerüftet find.

Ganz ˙befonders fchön ausgeprägt ift die Schutzfärbung bei
den in erwachfenem Zuftande auf dem Meeresgrunde lebenden Platt=
fifchen, zu denen einige der fchmackhafteften Bewohner von Nord=
und Oftfee zählen, und von denen die Flunder (Pleuronéctes
flésus) gelegentlich auch im Süßwaffer vorkommt. Und fie wird
hier noch in ganz großartiger Weife unterftützt durch das diefen
merkwürdigen Fifchen eigene Farbwechfelvermögen, das in
fo überrafchender Weife in Tätigkeit tritt, daß darob felbft das in
diefer Hinficht doch weltberühmt gewordene Chamäleon erröten
müßte, wenn anders Rot auf feiner Farbenfkala verzeichnet wäre.
Ganz wie beim Chamäleon wird auch bei den Plattfifchen die fich dem
Untergrund anpaffende Farbänderung hervorgerufen durch die Tätig=
keit der unter der Oberhaut liegenden und mit verfchiedenartigen
Farbftoffen angefüllten Farbzellen oder Chromatophoren, die leicht
und rafch zufammengezogen oder ausgedehnt werden können und

dadurch eine Auflichtung oder ein Dunklerwerden der Gesamtfärbung
sowie eine Vergrößerung oder Verkleinerung, ein Verblassen oder
ein Hervortreten, wenn auch keine Verschiebung der Fleckung und
Zeichnung bewirken. Danach wird ein auf gelblichem Sande ruhen=
der Plattfisch ganz anders aussehen als ein auf dunklem Untergrunde
liegender, ein auf grobem Kiesgeröll befindlicher ganz anders als
ein auf feinem Gries gelagerter. So weit geht diese Anpassung, daß
für das menschliche Auge oft förmliche Vexierbilder entstehen und das
Herausfinden eines sich regungslos verhaltenden Plattfisches selbst im
beschränkten Raume des Aquariums seine nicht geringen Schwierig=
keiten hat. Besonders deutlich konnte Sumner in Neapel die Erschei=
nung dann verfolgen, wenn er den Fischen einen künstlichem Unter=
grund aus verschiedenartig kariertem oder geflecktem Papier gab,
dem sie sich in überraschend kurzer Frist in weitgehender Weise anzu=
passen suchten. Bei alledem steht soviel unzweifelhaft fest, daß diese
Farbanpassung vom Willen des Tieres völlig unabhängig und als ein
rein reflektorischer Akt zu deuten ist, als dessen Ausgangspunkt wir
die durch die Netzhaut des Auges wahrgenommenen Lichteindrücke an=
zusehen haben. Sumner hat dies auch durch Versuche nachgewiesen,
indem die von ihm geblendeten Plattfische andauernd dunkel blieben
und unter keinen Umständen mehr einen Farbwechsel vorzunehmen
vermochten. Auf eine ungleich hübschere, weniger grausame und
dabei eigentlich noch viel überzeugendere Weise ist Ward zu dem
gleichen Ergebnis gelangt. Er teilte einen Wasserbehälter in zwei
Hälften durch ein Stück Linoleum, in das er ein Loch hineinschnitt,
gerade groß genug, um einen kleinen Hecht darin festzuhalten. Die
eine Hälfte des Behälters war weiß und die andere schwarz aus=
tapeziert. Wurde nun der Hecht so hineingesetzt, daß sein Kopf sich
in der dunklen Hälfte, Körper und Schwanz dagegen in der hellen
Hälfte befanden, so blieben die Pigmentstellen entspannt, der ganze
Fisch somit dunkel. Sobald man den Versuchsfisch aber herumdrehte
und den Kopf in die helle Hälfte versetzte, so war schon nach drei
Minuten der ganze Fischkörper bleich, weil sich die dunklen Pigment=
zellen zusammengezogen hatten. Das die Färbung beeinflussende
Licht wirkt also nicht unmittelbar, sondern durch die Vermittlung
des Fischauges.

Häufiger als aktive Giftwaffen (Petermännchen) ist in unserer
Fischfauna eine oft nur zeitweise Giftigkeit gewisser Fischteile beim

Genuß, selbst wenn wir von dem Fleisch erkrankter oder bereits in Fäulnis übergegangener Fische absehen. So entwickelt das Blut des Aals, sobald es in fremde Blutbahnen gebracht wird, stark giftige Eigenschaften, die allerdings schon durch gelindes Kochen völlig zum Verschwinden gebracht werden. Bei der schmackhaften und sonst so bekömmlichen Barbe hat zur Laichzeit der Genuß des Rogens und (entgegen der Auffassung Blochs, nach einem aus neuester Zeit stammenden Bericht der Pariser Société Zoologique) auch des diesen umgebenden Fleisches bedenkliche Vergiftungserschei= nungen im Gefolge, die sich namentlich in heftigem Durchfall und Erbrechen äußern. In noch verstärktem Maße finden wir die gleiche Erscheinung bei den merkwürdigen Kugelfischen (Tétrodon) der japanischen Gewässer, weshalb auch deren Verkauf auf den Fisch= märkten streng verboten ist, während andrerseits Kugelfischkaviar eine beliebte Delikatesse der dort aus den verschiedensten Gründen so häufigen Selbstmordkandidaten sein soll. Unsere, eine Länge von 70 cm und ein Gewicht von 10 kg und mehr erreichende Fluß= barbe (Bárbus fluviátilis) — der verwandte, in Siebenbürgen und Ungarn heimische, aber auch schon im Oder= und Weichselgebiet vor= kommende Semling (Bárbus petényi) bleibt stets beträchtlich kleiner — verdient ihren Namen, denn sie fehlt den stehenden Ge= wässern ebenso wie dem Meere, während sie zu den charakteristisch= sten und häufigsten Bewohnern unserer Flüsse und Ströme zählt, soweit diese steinigen oder kiesigen oder wenigstens sandigen Unter= grund haben, dem sie sich in ihrer Färbung ebenfalls in weitgehen= der Weise anzupassen vermag. Während die jungen, erst im vierten Jahre fortpflanzungsfähig werdenden Barben, die sich überhaupt durch eine reizvolle Beweglichkeit und große Spiellust auszeichnen, beständig unter zuckenden Flossenbewegungen umherschwimmen, werden die Alten mehr und mehr zu Nachttieren und Bodenfischen und schließlich zu richtigen Faulpelzen. Erst nach Einbruch der Dunkelheit ziehen sie auf Nahrung aus, indem sie ganz nach Schweine= art mit ihrer rüsselförmig verlängerten Schnauze den Boden nach allerlei Genießbarem durchwühlen. Da der nach Karpfenart gebaute, nur wesentlich schlankere Fisch dabei in der Aufnahme von Nahrung ebensowenig wählerisch und ebenso vielseitig ist, wie der grunzende Borstenträger, wird er in manchen Gegenden vom Volke gar nicht übel als „Sauchen" bezeichnet. Auch an Aas und selbst an mensch=

liche Leichname geht die Barbe recht gern, und für Kot aller Art
hat sie sogar eine ausgesprochene Vorliebe, mästet sich deshalb am
besten da, wo Aborte und Kanäle ihren Inhalt in die Fluten ent-
leeren, und wird aus ähnlichen Gründen auch in der Nähe von Bade-
anstalten nicht leicht vermißt. Indessen hat diese wenig appetitliche
Ernährungsweise ebenso wenig wie der Grätenreichtum ihres sonst
vorzüglichen Fleisches oder die Giftigkeit ihres Rogens zu verhindern
vermocht, daß sie als Tafelfisch sich einer nicht geringen Wertschätzung
erfreut. Der Angler weiß, daß sie am sichersten auf ein Stückchen
Schweizerkäse anbeißt. Namentlich als „Bierfische" werden die
Barben in manchen Gegenden sehr geschätzt, so daß man sie wegen
ihrer verhältnismäßig geringen Vermehrungsfähigkeit sogar schon
künstlich zu züchten versucht, dabei aber wegen der großen Klebrig-
keit der Eier, die im Freien während der Frühlingsmonate an
Steinen abgesetzt werden, keine sonderlich ermutigenden Erfolge
erzielt hat. Zur Laichzeit sieht man die Barbenmännchen oft in
langen Zügen wie im „Gänsemarsche" hinter den laichfähigen alten
Weibchen einherziehen. Gerade die Barben erkranken sehr leicht
an der Beulenpest, die durch einen einzelligen Schmarotzer aus der
Klasse der Sporentierchen (Nyxobólus pfeiferi) verursacht wird und
zu erbsen- bis nußgroßen Geschwülsten auf der Haut der befallenen
Tiere führt. Die aus den eiternden Beulen austretenden Keime be-
fallen auch Fische anderer Art, sind vielleicht auch für den badenden
Menschen nicht ungefährlich und vermögen so ganze Gewässer zu
verpesten. Die Barbenbestände selbst sterben dann fast völlig ab,
wie es in den Jahren 1885 und 1886 in der Maas und Mosel der
Fall war, wo man allein in Mézières täglich bis zu 2 Zentnern
abgestandener Barben auffischen konnte. Ebenso sind krankhafte
Farbenabweichungen gerade bei Barben keine besondere Seltenheit;
selbst Stücke mit lebhaft goldgelben Schuppen, die stark an Goldfische
erinnern, kommen gelegentlich vor.

Als ein gutes Beispiel für die Farbenanpassung an die Pflanzen-
welt des Süßwassers wollen wir hier endlich noch den Flußbarsch
(Pérca fluviátilis) herausgreifen, dessen Name mit dem Begriff
„Borste" zusammenhängen soll, und ein recht borstiger Bursche ist
ja dieser stachelbewehrte Räuber tatsächlich in jeder Hinsicht, der
im Fischreiche biologisch etwa dieselbe Rolle spielt, wie der Sperber
in der Vogelwelt. Von Schutzfärbung ist freilich bei ihm zunächst

Barſch (nach Naturaufnahmen von Fr. Ward [Marvels of fish life] gezeichnet von R. Oeffinger).

wenig zu merken, denn der Oberkörper ist messingglänzend, und
diese Farbe geht auf den Seiten mehr ins Grünliche, auf dem Bauche
ins Weißliche über, während quer über den Leib 5—9 mehr oder
minder dunkle Zebrabinden verlaufen. Wir müssen aber berücksich=
tigen, daß der Barsch in der Regel unter einer überhängenden
Uferstelle im ruhigen Wasser zwischen Rohrhalmen auf Beute lauert,
und hier kommt ihm die den Rohr= und Pflanzenstengeln gleichende
Körperzeichnung doch sehr zustatten, zumal sie sich den Belichtungs=
und Schattierungsverhältnissen ebenfalls in wundersamer Weise an=
zupassen vermag. Je klarer und durchsichtiger das Wasser, in desto
lebhafterer Färbung pflegt der Barsch zu prahlen. Nun kommt aber
noch hinzu, daß auch sein jeweiliger Gemütszustand die Färbung
ganz erheblich zu beeinflussen pflegt, wie ja die Fische trotz ihres
kalten Bluts überhaupt keineswegs die leidenschaftslosen und „kalt=
blütigen" Geschöpfe sind, als die sie bei oberflächlicher Betrachtung
erscheinen. Ganz im Gegenteil feiern glühende Liebe, brennender
Haß und ungestümer Wanderdrang, kurz, rücksichtslose Leidenschaf=
ten aller Art gerade im Fischreiche wahre Orgien, und das kommt
auch in der jeweiligen Färbung oft deutlich genug zum Ausdruck.
So beweisen die einwandfreien Photographien des schon erwähnten
englischen Forschers Ward, daß namentlich der Barsch nicht nur ein
durch die verschiedene Flossenstellung vermitteltes, sehr ausdrucks=
volles Mienen= und Geberdenspiel hat, sondern daß er auch aus
Angst und Furcht oder bei plötzlichem Schreck die Farbe zu verän=
dern, insbesondere bis zur Leichenbläße zu erbleichen vermag. Eben
noch liegt der Fisch in behaglicher Ruhe auf dem Grunde, den Körper
gestützt auf Schwanz= und Beckenflossen, während die übrigen Flossen
sich ihm anschmiegen und die Zebrastreifen fast gar nicht sichtbar sind.
Da — eine leise Erschütterung des Glasbehälters, und der Barsch
richtet sofort als Zeichen der Beunruhigung die zweite Rückenflosse
steil auf. Eine zweite und dritte stärkere Erschütterung — und
der nun vollends erschreckte Barsch erhebt sich vom Boden, richtet
auch die übrigen Flossen auf, spreizt die Kiemendeckel und —
erbleicht plötzlich vor Furcht, so daß die Zebrastreifen scharf und
deutlich hervortreten. „Drei Minuten lang verharrte er in dieser
Stellung und schwamm dann fort, andauernd seine großen Augen
rollend, als ob er nach Gefahr ausschaute." Gleichzeitig mit dem
Erbleichen wird eine besondere Verteidigungsstellung eingenommen,

und dabei werden namentlich die scharfen Stacheln der Rückenflossen gespreizt, denn sie sind die natürlichen Abwehrwaffen des Barsches. Doch stehen sie nicht wie beim Stichling in besonderen Sperrgelenken, und deshalb gewähren sie auch nicht einen so weitgehenden Schutz, obschon die größeren Raubfische in der Regel nur bei besonderem Hunger sich an den stacheligen Gesellen machen. Der Hecht z. B. packt den sich nach Kräften Sträubenden mit einer gewissen Vorsicht am Maul und läßt ihn sich nun erst so weit abmatten, bis die dräuend erhobenen Stacheln von selbst herabsinken und so das Opfer verschlungen werden kann. Seinerseits ist aber auch der Barsch ein gar grimmer Räuber, der blindgierig auf alles losschnappt, was er halbwegs bewältigen zu können glaubt, und dabei nicht selten üble Erfahrungen machen muß. In der Jugend zwar begnügt er sich mit Gewürm und Schnecken, im Alter aber wird er zum fast ausschließlichen Fischfresser. Lauernd lugt er dann aus seinem Versteck, und wie ein Sperber stößt er urplötzlich hervor unter das harmlos spielende Proletenvolk der Weißfischchen, die erschreckt auseinander stieben, wohl gar aus dem Wasser hervorschnellen, aber von dem Raubritter in schnellen, ruckweisen Schwimmstößen so lange verfolgt werden, bis einer erhascht ist, falls dies nicht schon auf den ersten Anhieb geschah. Auch der Fischbrut und den kleineren Krebsen tut der Barsch viel Schaden. So las ich erst unlängst, daß ein nur 16 cm langer Barsch nicht weniger als 3 noch frische, weichhäutige Krebse von 5—7½ cm Länge im Magen hatte, der dadurch ganz unförmlich aufgetrieben war. Selbst an kleineren Säugern und Vögeln vergreift sich dieser gierige Räuber, wenn sich ihm Gelegenheit dazu bietet. Da er blind nach allem Genießbaren schnappt, bildet er die Freude des angehenden Anglers, dessen Unerfahrenheit er oft mit einem unverhofften und wegen seines wohlschmeckenden Fleisches hochwillkommenen Erfolge krönt, der allerdings nicht selten mit einer schmerzhaften Verletzung der Hand durch die spitzigen Rückenstacheln bezahlt werden muß. Das gilt freilich nur von jungen und unerfahrenen Barschen, denn die alten sind recht scheu und mißtrauisch, und der Angler darf sich solchen gegenüber keineswegs unvorsichtig benehmen. Wer irgendwelche Barscharten längere Zeit hindurch im Aquarium gepflegt hat, wird mir beipflichten, wenn ich mich erkühne, diese Fische geradezu als nervöse Geschöpfe zu bezeichnen. An Heißblütigkeit und Ungestüm des Temperaments geben fie ihrem würdigen Vertreter in der Vogelwelt, dem Sperber, ficherlich nicht das geringfte nach. Ja, ihre Erregung vermag fich wie beim Vogel derart zu fteigern, daß fie in krampfhafte Zuftände verfallen oder gar plötzlich tot zu Boden finken. Auch mancher Erotenzüchter vermag von diefer noch wenig bekannten und erforfch= ten Eigenfchaft der als kaltblütig verfchrieenen Fifche ein Lied zu fingen. So find Fälle bekannt, wo Makropoden aus Erregung über die Zerftörung ihres Schaumneftes fofort verendeten; der Pfauen= augenbarfch wechfelt aus Angft oder Schreck alle Farben, oder ver= fällt in Starrkrampf, der Diamantbarfch geberdet fich im Ärger genau fo finnlos wie ein Habicht oder Sperber und fucht fich mit weit abftehenden Kiemen in den Sand einzubohren. Unfer Fluß= oder Rohrbarfch, der gewöhnlich 35—40 cm lang und 1 kg fchwer wird (kürzlich wurde bei Zürich ein Exemplar von $2^{1}/_{4}$ kg Gewicht gefangen), bewohnt fowohl ftehende wie fließende Gewäffer, bevor= zugt in diefen jedoch die langfam fließenden Stellen mit fandigem, mergeligem oder lehmigem Grunde und gibt immer einem möglichft klaren Waffer den Vorzug. Die Laichzeit fällt in die Frühlings= monate, und zwar werden die mohnkorngroßen Eier in mehr als meterlangen, fchlauchartigen Schnüren netzartig um allerlei fefte Gegenftände im Waffer gefchlungen. Das Weibchen kriecht bei der Laichabgabe förmlich wie eine Schnecke über die Unterlage und unterftützt durch fcharfes Anpreffen des Bauches, alfo durch eine Art Selbftmaffage das Austreten der zwar kleinen, aber fehr klebrigen und fpezififch auffallend fchweren Eier. Künftliche Befamungsver= fuche in der Biologifchen Verfuchsanftalt zu Wien haben gezeigt, daß es fich bei einer bisher rätfelhaften Barfchform aus dem Donau= gebiet um Baftarde zwifchen Rohr= und Kaulbarfch handelt, die dem= gemäß auch in freier Natur vorkommen. Diefe Mifchlinge find im allgemeinen mehr kaulbarfchähnlich, aber hochrückiger und feitlich ftärker zufammengedrückt, während die Zebrabinden nur dann her= vortreten, wenn der Rohrbarfch die Mutter war; fie find träger, aber zählebiger und fchnellwüchfiger als beide Stammarten.

Größere wirtfchaftliche Bedeutung als der Flußbarfch befitzt fein äußerft wohlfchmeckender und dabei grätenarmer größerer Vetter, der Zander oder Schill (Luciopérca sándra), deffen wiffenfchaft= licher Name „Hechtbarfch" vortrefflich gewählt erfcheint, denn in der Tat vereinigt diefer Fifch äußerlich wie biologifch die Eigenarten

beider Familien in sich. Mehr noch als der Flußbarsch ist er auf
recht sauerstoffreiches Wasser angewiesen, worauf schon der ungemein
zarte Bau seiner Kiemen hindeutet. So findet er sich besonders zahl=
reich in weiten, aber flachen Wasserbecken, die durch stürmische Winde
ab und zu gründlich aufgewühlt und dadurch mit dem Sauerstoff
der Luft gesättigt werden, wie dies z. B. beim Kurischen Haff der
Fall ist, wo deshalb auch ein sehr lohnender Zanderfang noch heute
betrieben wird, wenn auch die Zeiten, wo man die massenhaft er=
beuteten wertvollen Zander lediglich zum Trankochen benutzte, dort
längst vorüber sind. Ebenso ist der Zander als „Fogosch" ein Cha=
rakterfisch des Plattensees und bildet, auf dem Rost gebraten, eine
beliebte ungarische Nationalspeise. Die so zahlreich in die Berliner
Markthallen gelangenden Zander dagegen entstammen größtenteils
dem Wolgagebiet, wo eine besondere Art, der Berschik (Luciopérca
volgénsis) auftritt, die neuerdings auch durch das Schwarze Meer
ins Donaugebiet einzuwandern beginnt. Auch der Zander ist ein
ausgesprochener, überaus freßgieriger Raubfisch, der aber seines
engen Schlundes und Magens wegen doch nur kleinere Fische zu
bewältigen vermag. Der Angler wird ihm gegenüber nur dann
Erfolg haben, wenn er einen lebenden Köder verwendet und auf
die große Furchtsamkeit und Leckerhaftigkeit dieses Fisches genügend
Rücksicht nimmt. Dann aber bietet gerade das Zanderangeln viel
Anregung und hohen sportlichen Genuß. Gleich dem Flußbarsch treibt
sich der Zander gern in kleinen Trupps umher, und es ist merk=
würdig, wie diese im Wasser oft förmlich exerzieren und wie auf
Kommando gemeinsame Schwenkungen vollführen. Die ganz jungen
Zander fressen außer tierischen Substanzen auch massenhaft schwe=
bende Algen, und selbst die Alten scheinen Pflanzenkost nicht völlig
zu verschmähen. Jedenfalls ist es auffallend, daß die in Zandermägen
vorgefundenen Fische fast immer in allerlei Pflanzengrün eingehüllt
sind, wobei es einstweilen dahingestellt bleiben muß, ob dieses etwa
zur Beförderung der Verdauung mit verschluckt wurde. Von ander=
weitigen Angehörigen der Barschfamilie, die sich durch das Vorhan=
densein von zwei selbständigen, stacheligen Rückenflossen kennzeich=
net, seien hier noch kurz erwähnt der schlank gebaute Streber
(Aspro stréber), der bei uns gleich dem Zingel (Aspro zíngel) auf
das Donaugebiet beschränkt ist, und der bisher nur in fließendem
Wasser gefundene Schrätzer (Acerína schráetser). Alle diese

Arten sind zu klein und treten zu vereinzelt auf, als daß sie wirtschaftliche Bedeutung gewinnen könnten, obschon ihr Fleisch recht
gut mundet. Beim Zingel hat Kammerer interessanterweise einen
ganz verwickelten Nestbau beobachtet, indem das Tier eine kreisförmige Grube im Sande auswirft, in der Grubenmitte mit der
Schnauze Steine zusammenschiebt, und zwischen die Steine mühselig
herbeigeholte Algenwatte einklemmt. Durch Hineinarbeiten und
Drehen des Körpers gewann diese Algenmasse mützenförmige Gestalt, die durch quergesteckte Reiser klaffend erhalten wurde. Der
Schrätzerlaich erscheint zwar ebenfalls wie beim Flußbarsch zu
Schnüren angeordnet, aber die Eier liegen nicht in einem gemeinsamen Schlauch, sondern sind nur reihenweise dicht nebeneinander
auf dem Boden festgeklebt. Dieser stachelige Fisch, der dem etwas
Besseres erhoffenden Angler manche Enttäuschung bereitet und ihm
beim Auslösen manchen blutigen Stich beibringt, gilt bei den Donau-
fischern als ein arger Schädling der Fischbrut, während Streber und
Zingel, die man in kleinen Geschwadern ruckweise durchs Wasser
schießen sieht, völlig harmlos sind und sich lediglich von Mückenlarven, Wasserasseln, Flohkrebsen und Erbsenmuscheln, namentlich aber
von Würmern ernähren. Sie schaufeln diese förmlich aus dem Boden
hervor und drehen sich von großen Exemplaren maulgerechte Stücke
ab, indem sie sich wie die Molche hin und her werfen und um die
eigene Achse wälzen. Neuerdings sind auch zwei nordamerikanische
Barscharten ihrer Schnellwüchsigkeit halber mit Erfolg in Deutschland eingebürgert worden, der Schwarzbarsch und der Forel-
lenbarsch, die sich namentlich in kleinen Teichen mit festem Untergrunde recht gut entwickeln und hier die Rolle des Hechts vertreten
können. Wichtiger aber als sie alle ist trotz seiner Kleinheit (er bringt
es höchstens auf $1/2$ kg Körpergewicht) der Kaulbarsch (Acerina
cérnua), ein gelbbrauner oder olivengrüner Bursche mit feinen
Pünktchen, die das Volk in Süddeutschland für Läuse hält und deshalb den Fisch, der von jeher gern in den Klöstern verspeist wurde,
„Pfaffenlaus“ getauft hat. Noch furchtbarer als andere Barscharten ist diese mit Stacheln bewehrt, so daß die Fischer von ihr sagen,
man dürfe sie nur mit blechernen Handschuhen anfassen, und kenntlich wird der gedrungen gebaute Kaulbarsch sofort daran, daß die
beiden Rückenflossen nicht scharf getrennt sind, sondern ineinander
übergehen. Er führt eine zigeunerartige und nomadenhafte Lebens-

weise, erscheint aber zu bestimmten Jahreszeiten in gewissen Gegenden in ganz fabelhafter Menge. Als ich vor einer Reihe von Jahren
am Kurischen Haff wohnte, wurden dort nicht selten solche Unmengen
von Kaulbarschen gefangen, daß man mit dem Überfluß bisweilen
nichts anderes anzufangen wußte, als ihn als Dung auf die Felder
zu fahren. Heute wird das wohl auch anders geworden sein, denn
Kaulbarsch gibt die leckerste Fischsuppe, die sich nur denken läßt.
In den langen und harten Wintern lernte ich damals dort auch eine
ganz eigentümliche Fangweise kennen, die besonders dem Kaulbarsch
galt. Wenn das weite Kurische Haff zugefroren war, schoben die
Fischer mit Stangen nebeneinander 12—15 Stecknetze von je 30
bis 50 m Länge und $1/2$—$3/4$ m Höhe unter das Eis und ließen
sie eine Weile stehen, unter Umständen tagelang. Dann wurde in
der Nähe eine lange, bis auf den Grund reichende Stange, die an
einem Gestelle mehrere eiserne Ringe trug, durch das Eis gestoßen
und mit ihr ein möglichst großer Lärm vollführt. Die Folge war,
daß sich die Netze dicht mit Kaulbarschen füllten, die nach den Be-
hauptungen der Fischer durch das erzeugte Geräusch angelockt, richtiger vielleicht dadurch zu sinnloser Flucht aufgescheucht wurden.

Dies führt uns zu der interessanten und neuerdings viel erör-
terten Frage, ob überhaupt und bis zu welchem Grade Fische zu
hören vermögen. Um über diese vielumstrittene Frage ins klare
zu kommen, soweit dies der heutige Stand der Wissenschaft erlaubt,
ist es nötig, daß wir uns zunächst den Bau des Gehörorgans der
Fische vergegenwärtigen. Bekanntlich besitzen diese kein äußeres
Ohr, und auch von den inneren Teilen fehlt ihnen die sogenannte
Schnecke, der Träger des Cortischen Organs, das wir seit Helmholtz
als den eigentlichen Sitz des Gehörsinnes kennen. Wohl ist das
sogenannte Labyrinth vorhanden und in ihm ein großer und zwei
kleine Gehörknöchelchen oder Otolithen, die von kalkiger Struktur
sind und deutlich ein Jahreswachstum erkennen lassen, aber diese
Gebilde haben mit dem eigentlichen Gehörvermögen nichts mehr zu
tun, sondern unterrichten, eingebettet in eine gallertige Masse und
in Zusammenhang stehend mit feinen, in Nervenzellen endigenden
Härchen, den Fisch lediglich über seine Lage, dienen insbesondere auch
zur Erhaltung des so nötigen Gleichgewichts, sind also ein aus-
gesprochen statisches Organ, weshalb man die Otolithen auch besser
und richtiger Statolithen nennen sollte. Fische, die dieses Organs

beraubt sind, verlieren das Gleichgewicht und das Orientierungsver=
mögen und schwimmen auf der Seite oder auf dem Rücken sinnlos
im Kreise herum. Um es kurz zusammenzufassen: während das
Ohr der höheren Wirbeltiere zugleich als statisches und als Gehör=
organ dient, kann seinem ganzen anatomischen und histologischen
Bau nach bei den Fischen ausschließlich nur die erstere Funktion in
Betracht kommen. Die Fische können also wegen des Fehlens eines
vermittelnden Organs nicht hören, d. h. sie sind für Schallwirkungen
an sich unempfänglich. Dem wird freilich der in der Praxis geschulte
Fischer mit überlegenem Lächeln entgegenhalten, daß die meisten
Fische doch sehr wohl auf starke Geräusche reagieren, der Tierfreund
wird uns erzählen, daß er bei diesem oder jenem alten Klosterteiche
gesehen habe, wie die fetten Mooskarpfen auf ein gegebenes Glocken=
zeichen, an das sie seit vielen Jahren gewöhnt seien, zur Fütterung
herbeigeschwommen kamen, der Weltreisende wird uns versichern,
daß das in Japan jedes Kind wisse, weil man in den Gartenteichen
die Goldfische durch Pfeifen oder Glockensignale zur Fütterung her=
beirufe. Auch der erfahrene Aquarienliebhaber wird uns mit bedenk=
licher Miene darauf aufmerksam machen, daß die trommelnden Laute
der Guramis doch offenbar die Rolle eines geschlechtlichen Reizmittels
spielten und demnach auch von dem anderen Teile vernommen werden
müßten, wenn sie überhaupt einen Zweck haben sollten. Das ist
alles ganz richtig, und doch liegen überall Trugschlüsse vor. Die
hungrigen Karpfen hören nicht das Glockenläuten, wohl aber emp=
finden sie die durch die Schritte des nahenden Futterspenders der
Erde mitgeteilte und sich im Wasser fortpflanzende Erschütterung,
sehen und kennen vielleicht sogar die Gestalt ihres Wohltäters.
Wartet dieser aber erst ruhig ein Stündchen und stellt er sich dann so
auf, daß er beim Glockenläuten nicht gesehen werden kann, so kann
er noch so lange und noch so schön bimmeln, keiner der faulen
Karpfen wird sich die Mühe nehmen, lediglich des Glockentones
wegen herbeizuschwimmen. Besonders bezeichnend ist es, daß Fische
auf schwache Geräusche außerhalb des Wassers niemals achten, daß
sie aber erschreckt zusammenfahren, wenn man unmittelbar neben
einem Tümpel einen Gewehrschuß abfeuert oder wenn man über
dem Aquarium stark in die Hände klatscht. Daraus dürfen wir
ruhig schließen, daß sie nur für solche Töne sich empfänglich zeigen,
die stark genug sind, um sich im Wasser als Erschütterungswellen

fortzupflanzen, und damit haben wir zugleich des Rätsels Lösung. Nicht die Schallwellen sind es, die der Fisch wahrnimmt, sondern die durch sie im Wasser erzeugten Erschütterungswellen, und nicht oder doch nicht ausschließlich mit dem Ohre nimmt er sie auf, sondern mit seiner gesamten Körperoberfläche, in erster Linie mit der sogenannten Seitenlinie, diesem noch so geheimnisvollen sechsten Sinn. Wir dürfen also diese Art der Wahrnehmung nicht als Gehörsinn bezeichnen, sondern könnten sie etwa Erzitterungs= oder Erschütterungssinn nennen. Gewiß werden die umworbenen Weibchen bestimmter Fischarten die balzenden Knurr= oder Trommeltöne ihrer Verehrer zu würdigen wissen, aber mitgeteilt werden sie ihrem verliebten Hirn nicht durch das lediglich als statisches Organ dienende Ohr, sondern durch die hochempfindlichen Sinnesbecher, die durch die Löcher der Seitenlinie mit der Außenwelt in Verbindung stehen. Im Wasser selbst und bei ganz kurzer Entfernung, wie sie ja in allen solchen Fällen allein in Betracht kommt, brauchen die Töne natürlich durchaus nicht sonderlich laut zu sein, um verstanden zu werden. Nun gibt es allerdings bekanntlich keine Regel ohne Ausnahme, und so will es in der Tat fast scheinen, als ob doch einige wenige Fische den Anfang zu einem echten Hörvermögen besäßen und wenigstens für ganz bestimmte Töne einigermaßen empfänglich wären. So hat Maier von dem nordamerikanischen Zwergwels neuerdings in einer anscheinend einwandfreien Weise festgestellt, daß er recht lebhaft auf Pfiffe reagierte. Seine Versuche sind von zuständiger Seite nachgeprüft und bestätigt worden. Und was dem Zwergwels recht ist, das sollte auch unserem Weller billig sein. Vielleicht haben wir also in der Gruppe der Welse den Beginn des Gehörvermögens bei den Fischen zu suchen. Immerhin könnten bei dieser höchst auffallenden Beobachtung doch Fehlerquellen mit unterlaufen sein, und völlige Gewißheit werden wir über sie erst dann gewinnen, wenn das Gehörvermögen der Welse mit Seziermesser und Mikroskop eingehend untersucht sein wird, was meines Wissens bisher noch nicht geschehen ist. Im Einklang mit den vorausgehenden Ausführungen stehen dagegen die Untersuchungen, die Edinger über das Fischhirn gemacht hat, und aus denen wir wissen, daß bei diesen Tieren das sogenannte Neenkephalon höchstens andeutungsweise zur Entwicklung gelangen kann, während sie im übrigen auf das lediglich Reflexe ermöglichende Paläenkephalon angewiesen sind. Sodann wollen wir

nicht vergessen, daß ein Hören von außerhalb des Wassers ver=
ursachten Geräuschen für die Fische eigentlich wenig Sinn und Zweck
hätte, und daß die schaffende Natur überflüssige Einrichtungen nicht
liebt, sondern sich in weiser Sparsamkeit auf das Notwendige be=
schränkt, dieses aber dafür um so vollkommener auszubilden sucht.

Es dürfte angebracht sein, bei dieser Gelegenheit auch noch der
schon erwähnten Seitenlinie der Fische einige Worte zu widmen.
Daß sie ein Sinnesorgan ist und ihrem ganzen Bau nach nichts
anderes sein kann, wissen wir, aber über die Art und Weise ihrer
Wirksamkeit können wir uns eigentlich nur mehr oder minder gut
begründeten Mutmaßungen hingeben. Schon Leydig erkannte 1851
die Seitenlinie als Sitz eines sechsten Sinnes, aber erst durch Hofers
eingehende Untersuchungen sind wir über dessen Funktion einiger=
maßen klar geworden. Bald glaubte man, daß die Seitenlinie dem
Fischkörper die Wellenbewegungen des Wassers mitteile, bald sollte
sie ihm den Wasserdruck angeben oder ihn über die jeweilige Höhe
und Tiefe orientieren, bald sah man in ihr ein Gleichgewichtsorgan,
bald einen Wahrnehmungsapparat für leichte Erschütterungen, bald
einen Regulator für die Gasproduktion, und sogar mit dem Fort=
pflanzungsgeschäft hat man sie in Beziehungen bringen wollen.
Jedenfalls ist sie kein eigentlicher Gefühls= oder Tastsinn, der
beim Fische vielmehr durch die ganze Hautoberfläche und insbeson=
dere durch die wulstigen Lippen sowie die oft vorhandenen Bartfäden
oder sonstige Anhängsel vermittelt wird, übrigens in sehr verschie=
den hohem Grade ausgebildet ist. Soviel scheint jedoch festzustehen,
daß die Fische eine auffallend geringe Schmerzempfindung besitzen,
was ja auch mit den beim Angelsport gemachten Erfahrungen über=
einstimmt, indem oft ein eben erst auf das empfindlichste durch den
Angelhaken verletzter Fisch sofort wieder anbeißt, als ob nichts ge=
schehen wäre. Die von tierschützerischer Seite so oft gegen das Angeln
erhobenen Vorwürfe entbehren daher der physiologischen Begrün=
dung. Am wahrscheinlichsten und teilweise auch schon auf experi=
mentellem Wege erwiesen ist es wohl, daß der Seitenlinie die Auf=
gabe zufällt, den Fisch über die jeweiligen Strömungen des Wassers
und damit indirekt auch über seinem Weg entgegenstehende Hinder=
nisse zu unterrichten. Diese Aufgabe ist wichtig genug, denn ohne
ein derartiges Organ würde namentlich der in dunkler Tiefe lebende
Fisch sich überhaupt nicht zurechtfinden können (deshalb ist auch die

Seitenlinie bei Tiefseefischen besonders gut entwickelt), der Süß=
wasserfisch würde unweigerlich ins Meer geschwemmt werden, weil
er sich nicht über die Strömung unterrichten könnte, er vermöchte
auch nicht die einmündenden Bäche und Flüsse aufzufinden, auf
seinen Wanderungen nicht die zu überwindenden Hindernisse wahr=
zunehmen und abzuschätzen. Gewöhnlich verläuft die Seitenlinie
unter der Hautoberfläche und steht nur durch die durchbohrten Schup=
pen mit der Außenwelt in Verbindung, bisweilen (so bei den See=
katzen) liegt sie aber auch frei in einem häutigen, tief eingesenkten
Kanal. Die knospenförmigen, eigentlichen Sinneszellen in ihr
wechseln mit stark entwickelten Schleimzellen ab, weshalb man vor

Moderlieschen. (Nach einer Naturaufnahme von Dr. E. Bade.)
(Aus: Bade, Die mitteleuropäischen Süßwasserfische.)

dem Auftreten Leydigs die ganze Anlage lediglich für ein Schleim
absonderndes Organ hielt. Meist ist die Seitenlinie schon äußerlich
gut zu erkennen, und zwar verläuft sie in der Regel in gerader oder
sanft geschwungener Linie von den Kiemen über die ganze Körper=
seite bis zur Schwanzflosse. Indessen erleidet diese Regel viele
Ausnahmen, und in solchen Fällen gibt die abweichende Gestaltung
der Seitenlinie oft ein gutes Unterscheidungsmerkmal für nahe=
stehende Arten ab. So ist das Organ nicht selten nur teilweise aus=
gebildet, wie z. B. beim Moderlieschen Leucáspius delineátus),
das von allen ähnlichen Fischchen sich sofort dadurch unterscheidet,
daß die Seitenlinie schon dicht hinter dem Kopfe endigt.

Das gestreckt gebaute, aber in der Gestalt sehr wandelbare
niedliche Tierchen mit dem steil nach oben gerichteten Mäulchen, der

tief ausgeschnittenen Schwanzflosse, den großen Augen und den stark
silberglänzenden Seiten, über dessen Verbreitungsbezirk wir noch
keineswegs hinreichend unterrichtet sind, das aber im Osten entschieden häufiger ist, als im Westen, gehört zu unseren anspruchslosesten
Fischen. Es findet sich nicht nur in Flüssen aller Art, sondern gar
nicht selten in Torfausschachtungen und lehmigen Heidetümpeln.
Interessant ist die Brutpflege des Moderlieschens. Das Männchen
bewacht und verteidigt nämlich eifrig den Laich, der vom Weibchen
manschettenförmig um die Stengel des Froschlöffels herumgelegt wird.
Zugleich bemüht sich das wackere Männchen auch, die Eier dadurch
vor Verpilzung zu schützen, daß es durch fortwährende Schwanzschläge den sie tragenden Pflanzenstengel in Bewegung erhält. Einen
ganz eigenartigen, in unserer Fischwelt einzig dastehenden Verlauf
nimmt die Seitenlinie bei dem durch stark zusammengedrückten
Leibesbau, hervorgewölbten Bauch und lebhaften Silberglanz ausgezeichneten S i c h l i n g (Pélecus cultrátus), auch Messerkarpfen,
Zicke und Dünnbauch genannt. Sie biegt bei ihm gleich am Kopfe
in flachem Bogen nach unten, geht dann fast senkrecht bis nahe zur
Bauchkante, schwingt sich von hier in mäßigem Bogen bis zum
unteren Körperdrittel empor, senkt sich hierauf zwischen Bauch- und
Afterflosse wieder nach unten und steigt zuletzt in flachem Bogen
aufwärts, um am Schwanz in der Körpermitte zu endigen. Dieser
Fisch hat auch sonst mancherlei Merkwürdiges an sich. So ist schon
seine Verbreitung auffallend genug, denn er findet sich einerseits
in der Ostsee mit allen ihren Verzweigungen und Zuflüssen und
andrerseits ebenso im Gebiete des Schwarzen Meeres, ohne doch
irgendwo sonderlich häufig zu sein. Ja, im Donaugebiet erscheint
er nach der Meinung der Fischer nur alle sieben Jahre, weshalb
sie ihn als Unglücksfisch und Pestbringer betrachten, ähnlich wie die
Vogelkundigen früherer Zeiten den Seidenschwanz. Von seiner
Lebensweise wissen wir eigentlich nicht viel mehr, als daß er ein
gesellig lebender Oberflächenfisch ist und zwischen Salz-, Brack- und
Süßwasser kaum irgendwelchen Unterschied macht, sondern sich allenthalben gleich wohl zu fühlen scheint. Obgleich man ihm hier und da
(so im Kurischen Haff) mit Netzen nachstellt und er immerhin bis zu
1 kg schwer wird, hat er doch kaum irgendwelche wirtschaftliche Bedeutung, da er nirgends in Massen auftritt und überdies sein weichliches Fleisch sehr grätig ist.

Es dürfte angezeigt sein, im Anschluß an die Betrachtung der Seitenlinie gleich auch noch den sonstigen Sinnesfähigkeiten der Fische einige Worte zu widmen. Über Geschmacks= und Geruchssinn war man insofern lange im Unklaren, als man beide nicht recht auseinanderzuhalten vermochte. Lange Zeit hat man fast allgemein geglaubt, daß die Fische überhaupt nicht zu wittern vermögen, sondern daß bei ihnen der Geruch durch den stark entwickelten Geschmack ersetzt werde, obschon das Witterungsvermögen nicht von vornherein ausgeschlossen schien, da ja Gase bekanntlich auch im Wasser löslich sind und die meisten Fische paarige Nasenlöcher haben (nur das tiefstehende Lanzettfischchen und die Rundmäuler haben ein einziges Nasenloch), die mit einer strahlenförmig gefalteten und durch besondere Nerven mit dem Gehirn verbundenen Schleimhaut ausgekleidet sind. Bei den Haien und Rochen liegen diese Geruchsorgane merk= würdigerweise auf der Unterseite des Kopfes. Zur vorderen Öffnung strömt das Wasser herein, zur hinteren heraus, nachdem es mit den in der Schleimhaut enthaltenen Sinneszellen in Berührung gekommen ist, und es liegt auf der Hand, daß diese Strömung beim schwim= menden Fisch ungleich lebhafter sein muß, als beim ruhenden, daß demgemäß jener auch weit besser wittert, falls er dazu überhaupt imstande ist. Und dies ist nach den Untersuchungen des amerikani= schen Zoologen Parker am Katzenwels wohl unzweifelhaft der Fall. Hängte der Genannte undurchsichtige Leinwandbeutel ins Aquarium, die teils leer, teils mit zerschnittenen Regenwürmern gefüllt waren, so kamen die Fische schon aus ziemlicher Entfernung auf letztere zugeschwommen, während erstere völlig unbeachtet blieben. Wurde dann auf experimentellem Wege das Geruchsorgan ausgeschaltet, so fanden auch die gefüllten Beutelchen keine Beachtung mehr. Der Einwand, daß dieses Geruchsvermögen vielleicht nur auf den Katzen= wels oder auf die ja überhaupt manche Besonderheiten aufweisende Gruppe der Welse beschränkt sei, ist auch schon zum Teil hinfällig geworden, indem man bei Zahnkarpfen und anderen Fischen ganz dieselben Versuche mit dem gleichen Erfolge wiederholt hat. Im Ein= klange damit stehen ja auch die praktischen Erfahrungen der See= leute, die übereinstimmend versichern, daß Haie ins Wasser geworfene Fleischbrocken auf große Entfernung hin zu wittern vermögen. Natürlich wird der Geruchssinn bei den einzelnen Fischgruppen in sehr verschieden hohem Maße entwickelt sein, worüber nähere Unter=

suchungen noch ausstehen, und das gleiche gilt auch von dem Ge=
schmackssinn. Raubfische, die ihre Beute unzerkleinert verschlingen, werden einen weit geringeren Geschmackssinn haben als pflan-
zenfressende Fische, die ihre Nahrung ordentlich kauen. Wir können
ja an jedem fressenden Karpfen sehen, wie er ihm nicht Zusagendes
sofort wieder ausspuckt. Bei diesen Fischen ist der Geschmack an=
scheinend in einem am Gaumen sitzenden Paket von Sinneszellen
konzentriert, während die harte und gewöhnlich mit Zähnen besetzte
Zunge sich nur wenig zum Träger von Geschmacksempfindungen
eignet. Wohl aber finden wir recht empfindliche Geschmackszellen
an den wulstigen Lippen, an den Barteln und sonstigen Anhängseln,
ja an Flossenstrahlen und überhaupt am ganzen Körper, namentlich
auch an dessen Seiten. So erklärt es sich auch, daß ein Fisch begierig
auch dann nach dem Köder schnappt, wenn dieser nicht seinen Mund,
sondern nur seine seitliche Körperfläche berührt. Interessant ist es
ferner, daß Maulbrüter, denen ihr Pfleger einmal einen ihnen unbe-
kannten Wurm verfüttern wollte, zunächst freßlustig darauf zu-
schwammen, aber in 2 cm Entfernung blitzschnell umdrehten und
dem Bissen mit allen Zeichen des Abscheus den Rücken kehrten,
ohne daß genau festgestellt werden konnte, ob hier der Geruch= oder
der Geschmackssinn der maßgebende Faktor war. Andere Versuche
haben gezeigt, daß Fische gegen salzige, süße oder saure Flüssigkeiten
sehr deutlich mit der gesamten Körperfläche reagierten.

Das mehr ellipsoid wie kugelig gestaltete Fischauge ist in
hohem Grade kurzsichtig und etwa auf eine Entfernung von nur 1 m
eingestellt. Durch die Akkommodation vermittels „Sichelfortsatz" und
„Glöckchen" kann aber die Linse derart verschoben werden, daß
der Fisch noch auf Entfernungen von 10—12 m einigermaßen deut=
lich zu sehen vermag. Eine noch weitergehende Fernsichtigkeit aber
hätte für ihn keinen Zweck, da ja auch das klarste und reinste Wasser
durch treibende Organismen und Stoffe immer derart getrübt ist,
daß ein Sehen über 15 m hinaus überhaupt kaum möglich ist. Alles
über einen solchen Umkreis hinausreichende wird also dem Fisch wie
in tiefe Dunkelheit gehüllt erscheinen. Dagegen ist nicht einzusehen,
warum es dem nahe der Oberfläche schwimmenden Fisch nicht möglich
sein sollte, auch einen Blick in die Welt jenseits der Wasserfläche zu
werfen, obschon diese Möglichkeit von guten Fischkennern oft be-
stritten worden ist. Freilich wird diese Welt sich im Fischauge in

einer uns recht ungewohnt und seltsam anmutenden Weise wider-
spiegeln. Sehr hinderlich beim Sehen vom Wasser in die Luft ist
nämlich der Umstand, daß jeder Lichtstrahl, der den Wasserspiegel
in einem Winkel von mehr als etwa $48^{1}/_{2}°$ trifft, nicht in die Luft
übergehen kann, sondern ins Wasser zurückgeworfen, also „total
reflektiert" wird. Infolgedessen wird der Fisch immer nur einen
beschränkten, kreisförmigen Ausschnitt aus der Luftwelt überblicken
können, dessen Grundfläche der eines Kegels von zweimal $48°$ entspricht und an Größe zu-, aber an Deutlichkeit abnimmt mit der
Tiefe, in der sich das Fischauge befindet. Wood hat in sehr sinn-
reicher Weise auf photographischem Wege zu zeigen versucht, wie
sich so wohl die Welt in einem Fischauge gestalten mag, wobei natürlich immer eine ruhige und spiegelglatte Wasserfläche vorausgesetzt
wird, da schon eine geringe Wellenkräuselung die entstandenen Bilder
bis zur Unkenntlichkeit zu verzerren vermag. So erhielt Wood mit
seiner „Wasserkamera" an der Kreuzung von 3 Straßen, die sich
in rechtem Winkel trafen, eine Ansicht längs jeder der drei Straßen,
und gleichzeitig hatten sich der Boden und der Himmel vom Horizont
bis zum Zenith abgebildet. In einem Zimmer wurde ein Bild
gewonnen, auf dem drei Wände, die ganze Decke und der Fußboden
sichtbar waren. Eine gerade Reihe von neun Männern auf einem
geraden Gartenweg erschien im Halbkreis gebogen. Solche wunderbare Bilder von der Außenwelt muß also in ruhigem und klarem
Wasser auch das Fischauge auf seiner Netzhaut empfangen. Im allgemeinen dürfen wir wohl annehmen, daß der Fisch von der Ober-
welt den Eindruck hat, als ob die ganze Wasserfläche oben mit einem
undurchsichtigen Dach verdeckt wäre, in das ein rundes Fenster ein-
geschnitten ist. Auch werden ihm die einzelnen Gegenstände stets
etwas höher erscheinen, ein auf dem Erdboden gehender Mensch also
etwa so, als ob er in der Luft schwebte. Es gibt sogar eine Zahn-
karpfenart (Anableps tetrophthálmus), die es zu richtigen Doppel-
augen gebracht hat, indem Hornhaut und Sehlöcher durch Zweiteilung
je ein Luft- und ein Wasserauge entwickelten. Der Fisch schwimmt
unmittelbar an der Oberfläche so, daß die Luftaugen aus dem Wasser
heraussehen und ihrer Aufgabe ebensogut gerecht werden können,
wie die tiefer liegenden Wasseraugen im feuchten Elemente selbst.

Besonders gut entwickelte Augen gehen in der Regel parallel
mit wenig entwickelten Tastorganen oder Seitenlinien, so daß wir bei

den Fischen ähnlich unterscheiden können wie bei den Säugern, wo
wir mit einer gewissen Berechtigung von Augen= und Nasentieren
sprechen. Solche Fische, die in größeren Tiefen leben, in denen nur
mattes Dämmerungslicht herrscht, haben oft ganz riesenhaft ent=
wickelte Augen, um die wenigen sich nach dort verirrenden Licht=
strahlen sicher auffangen zu können. Dies ist auch die Region, in
der man Fische mit Teleskop= oder beweglichen Stielaugen antrifft,
und überhaupt hat gerade hier die Natur ihre ganze Erfindungs=
gabe und Schöpferkraft aufgeboten, um auch unter den ungünstigsten
Bedingungen noch ein gewisses Sehen zu verschaffen, scheinbar Un=
mögliches möglich zu machen. So haben gewisse Teleskopfische in dem
über den Kopf hervorragenden Abschnitt der Augenröhre ein Fenster
in der Farbstoffschicht, das die Rolle eines „Spion"=Spiegels spielt
und das Gesichtsfeld des Tieres nicht unwesentlich erweitert. Noch
raffinierter ist die Art und Weise, wie bei manchen Tiefseefischen
Leuchtorgane und Augen zusammenwirken. So wirft bei der
Gattung Argyropélecus ein neben dem Teleskopauge sitzendes Leucht=
organ sein Licht unmittelbar ins Auge hinein, während es nach
außen durch eine Farbstoffschicht abgeblendet ist. In noch größerer
Tiefe, wo ewige Dunkelheit herrscht, werden die Augen schließlich
überflüssig und verkümmern deshalb mehr und mehr. Ähnliche
Verhältnisse treffen wir bei den Höhlenfischen an, und wir können
sie in geringerem Maße auch künstlich erzielen, wenn wir Fische
jahrelang im Dunkeln halten. Ebenso haben Fischlarven oft nur
rudimentäre Augen. Viel umstritten worden ist auch die Frage, ob
die Fische farbenempfindlich sind oder nicht. Heß ist bei seinen Unter=
suchungen mit dem Spektrum zu der Überzeugung gelangt, daß
die Fische vollständig farbenblind sind, daß sie also nicht ver=
schiedene Farben, sondern lediglich verschiedene Helligkeitsgrade ein
und derselben grauen Grundfarbe zu unterscheiden vermögen. Wenn
sich das bewahrheiten würde, wäre es auch für die Fischerei von
der größten Bedeutung. Aber wie so oft, steht auch hier wieder
einmal die praktische Erfahrung den Ergebnissen des Laboratoriums=
versuches schnurstracks entgegen. Obwohl die Versuche des be=
rühmten Würzburger Ophtalmologen selbstverständlich in einer Feh=
lerquellen nach menschlichem Ermessen ausschließenden Weise ausge=
führt sind, vermag ich mich mit dem Ergebnis doch nicht zu befreun=
den, da es feststeht, daß beim Angeln mit der künstlichen Fliege deren

Färbung eine recht wesentliche Rolle spielt, und da sonst auch das prächtig schimmernde Hochzeitskleid so vieler Fischarten, das doch ersichtlich einen erregenden Reiz auf die Weibchen ausübt, gar keinen Sinn und Zweck hätte. Und die Geschichte der Zoologie hat ja schon recht häufig gezeigt, daß solche praktische Erfahrungen sich als zu= verlässiger erwiesen haben als das gekünstelte Experiment und früher oder später auch in einer wissenschaftlich einwandfreien Weise begründet werden konnten. Jedenfalls möchte ich keinem Sport= angler raten, nun auf Grund der Heßschen Untersuchungen etwa sein Petriheil lediglich mit hell= oder dunkelgrauen Kunstfliegen versuchen zu wollen, obschon solche Fangarten wissenschaftlich recht interessant wären. Auch ist der Heßschen Hypothese gegenüber zu bedenken, daß ja dann die so überraschenden und zahlreichen Fälle von Farb= anpassung bei den Fischen jeder Erklärung entbehren würden, und daß bei anderen Versuchen z. B. Raubfische sehr wohl zu unterscheiden verstanden, wenn man ihre Beutetiere in verschiedener Weise färbte. Mir scheint aus den Spektrumsversuchen lediglich hervorzugehen, daß die verwendeten Fische sich am liebsten in den am besten belich= teten Wasserschichten aufhalten, nicht aber, daß sie gänzlich farben= blind sind.

Daß, wie eben erwähnt wurde, manche Fische zur Laichzeit ein farbenschimmerndes Hochzeitskleid anlegen, wird uns nicht weiter in Erstaunen setzen, nachdem wir bereits am Rohrbarsch gesehen haben, wie stark seelische Erregung die Färbung der Fische zu beeinflussen vermag, und nachdem wir wissen, daß die Allgewalt der Liebe auch bei den kaltblütigen Fischen nichts von ihrer Macht eingebüßt hat, sie vielmehr zu gewissen Zeiten mit einer so rückhalt= losen Leidenschaft beherrscht, daß ihr gegenüber selbst die Forde= rungen des ewig heißhungrigen Magens wochenlang völlig in den Hintergrund treten. Es ist nicht poetische Übertreibung, sondern es ist nackte Wahrheit, wenn man sagt: die Fische erglühen während der Fortpflanzungsperiode unter dem heißen Hauch der Liebe. Ein prächtiges Beispiel dafür bietet unser kleinster Karpfenfisch, der nur 6—7 cm (in der Nähe fand Geisenheimer eine Riesenform von 10 cm Länge) lang werdende, flinke und anmutige, ewig spiel= und necklustige Bitterling (Rhodéus amárus) oder Schneider= karpfen, der den Namen nach seinem bitteren und ungenießbaren Fleische hat. Außerhalb der Laichzeit weicht das zierliche Fischlein,

das sich am liebsten scharenweise in toten, üppig bewachsenen Fluß=
armen aufhält und hier schlecht und recht von Gewürm und Pflanzen=
kost allerlei Art ernährt, nicht sonderlich von der üblichen Färbung
anderer Kleinfische ab: blaugrün auf dem Rücken, silberglänzend an
den Seiten, ein tiefgrüner Streif von der Körpermitte bis zur
Schwanzwurzel. Aber mit Beginn der Laichzeit erstrahlt das sich
dann sehr aufgeregt geberdende Männchen, das dann auch
einen eigenartigen kreideweißen Warzenwulst an der Oberlippe
bekommt, in herrlich schimmernden Regenbogenfarben. Prachtvoll
smaragdgrün schillert dann der Streifen, glühend orangerot die

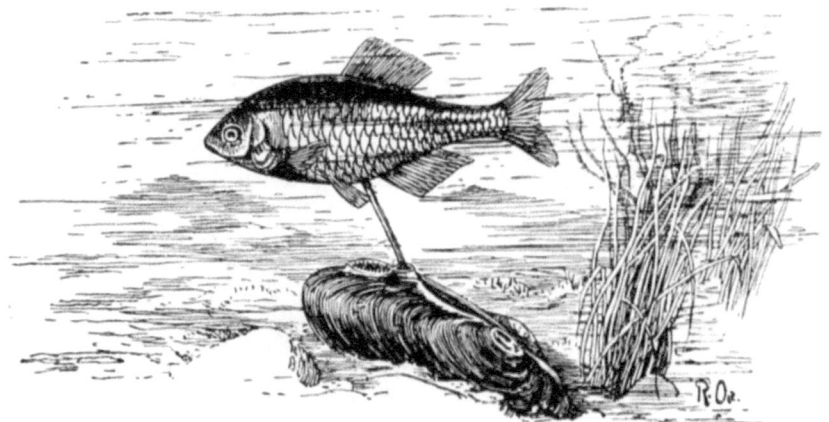

Bitterling mit Malermuschel.
(Nach einer Zeichnung von R. Oeffinger.)

Bauchseite, wunderbar stahlblau und violett der Rücken, während
schwarze Säume das prächtige Rot der After= und Rückenfloße noch
schärfer hervorheben, so daß das Tierchen in seiner feurigen Farben=
glut der schönsten Goldfische und der buntesten Exoten spotten kann.
Namentlich in Augenblicken geschlechtlicher Erregung scheint es förm=
lich aufzuleuchten, während unmittelbar nach der Milchabgabe die
schönen Farben wieder für einige Zeit verblaßen. Das Weibchen
behält zwar seine schlichte Färbung bei, entwickelt aber dafür am
After eine mehrere Zentimeter lange Legeröhre von rotgelber Fär=
bung, die trotz ihrer Auffälligkeit erst 1857 durch Krauß beschrieben
wurde, während ihre Bedeutung und Funktion erst 1869 durch Noll
richtig erkannt wurde. Der Bitterling lebt nämlich in einer hoch=

interessanten Symbiose*) mit der Malermuschel und benötigt die Legeröhre dazu, seine gelblichen Eierchen durch deren Ausfuhröffnung in das Innere der Muschel einzuführen, worauf dann das vor Erregung zitternd im Wasser stehende Männchen seine Milch über dem Atemschlitz der Muschel ergießt. Da die Samenfäden eine starke Eigenbewegung besitzen, werden sie nicht wie Nahrungspartikelchen zum Munde der Muschel fortgestrudelt, sondern bohren sich zwischen ihren Flimmerhärchen hindurch, bis sie in den inneren Kiemenfächern mit den inzwischen gleichfalls dorthin gelangten Eiern zusammentreffen, um sie hier zu befruchten. Hat ein Bitterlingspärchen erst einmal eine geeignete Muschel ausfindig gemacht, so sucht es sie wiederholt heim, um ihr seine Liebesbürde anzuvertrauen, da das Weibchen jedesmal nur 1—2 Eier austreten läßt, wobei sich die Legeröhre gewaltig steift, um gleich danach wieder zusammenzufallen und am Schluß der Laichperiode gänzlich einzuschrumpfen. Die Fischchen sind in ihrem Fortpflanzungsgeschäft gänzlich auf die Muschel angewiesen, denn die Jungen entschlüpfen den Eiern in einem so unreifen Zustande, daß sie außerhalb der schützenden und stets einen frischen Wasserstrom unterhaltenden Kiemen gar nicht zu leben vermöchten. Sie nähren sich aber nicht etwa von den Körpersäften ihres Wirtstieres, sondern sind vielmehr lediglich Raumparasiten, die der Muschel weiter keinen Schaden zufügen. Trotzdem mögen die ungebetenen Gäste dieser unbequem genug sein, und sie versucht auch, sich ihrer durch krampfhafte Bewegungen zu entledigen, was aber in der Regel nur großen und alten Muscheln gelingt. Erschwert wird das noch dadurch, daß sich bei den Jungfischen hinter dem Kopfe ein Querwulst mit zwei kegelförmigen Fortsätzen entwickelt, der es ihnen erlaubt, sich in der Kiemenkammer sehr solid zu verankern. Übrigens sind die Fischchen schon nach 14 Tagen so weit, durch den Kloakensipho ihrer Stiefmutter in ihr eigentliches Element auswandern zu können. Und die Muschel vergilt später Gleiches mit Gleichem. Die von ihr ausgestoßenen Larven sinken nämlich zu Boden, lassen aber ihren langen klebrigen Byssusfaden nach oben spielen, bis sich Gelegenheit bietet, ihn einem vorüberschwimmenden Fisch anzuheften (und das ist meist wieder ein Bitterling), worauf die Jungmuschel ihre mit Haken ver-

---

*) So nennt man das engere „Zusammenleben" von Lebewesen verschiedener Art, die einander wechselseitig nützen.

sehene Schale in die Haut des Fisches einschlägt. Dies gibt zu einer starken Wucherung Veranlassung, innerhalb derer die Muschellarve gemächlich und sicher 2—10 Wochen lang von den Säften des Fisches lebt, um erst als ausgebildete, wenn auch kaum größer gewordene Muschel die gastliche Stätte zu verlassen. Wahrlich, eine der wechselvollsten und anziehendsten Symbiosen, die die einheimische Natur uns zu bieten vermag und deren Beobachtung im Aquarium viel Freude bereitet.

Der Stichling und sein Nest. (Nach der Natur gezeichnet von R. Oeffinger.)

Mit dem Bitterling wetteifert der **Stichling** (Gasterósteus aculeátus) in der Farbenpracht des Hochzeitskleides, und auch bei ihm kommt ein eigenartiger und hochinteressanter Brutverlauf hinzu. Die gewöhnliche Farbe ist olivgrünlich auf der Ober- und silberweiß auf der Unterseite. Aber zur Laichzeit im Frühjahr wird das Männchen zu einem wahren Prachtkerl, der mit den schönsten Exoten erfolgreich zu wetteifern vermag. Vom satten Schiefergrau über Grün zum tiefsten Blau erstrahlt sein Rücken, während die Bauchseite wie mit Blut übergossen aussieht und das Auge im feurigsten Smaragdgrün schimmert. Mehr noch als bei Barsch und

Bitterling wirkt die jeweilige Erregung fördernd auf diese Farbenpracht ein, die geradezu als ein Gradmesser für den Seelenzustand
des Fischchens angesehen werden kann. Namentlich bei Zorn und
Kampflust leuchtet das Tierchen auf im feurigsten Rot und erscheint
in solchen Augenblicken wie mit Röntgenstrahlen durchleuchtet. Denn
unser Stechbüttel, wie er vom Volke gewöhnlich genannt wird, ist
ein gar zornmütiger Gesell, dessen Raufsucht aller Beschreibung
spottet. Die metallisch glänzenden Stacheln, von denen er drei auf
dem Rücken und je einen an jeder Bauchseite trägt, bewähren sich
selbst weit überlegenen Feinden gegenüber als eine gefährliche Waffe,
und das Fischchen ist sich ihrer Furchtbarkeit auch wohl bewußt,
scheut deshalb so leicht keinen Gegner, sondern greift jeden, namentlich zur Paarungszeit, mit wahrer Berserkerwut und bewunderns-
werter Tapferkeit an, wobei ihm seine große Schwimmgewandtheit
auch nicht wenig zustatten kommt. Selbst die größeren Raubfische
vergreifen sich nicht leicht an dem borstigen Gesellen, dessen Stacheln
mit besonderen Sperrgelenken versehen und durch diese ebenso einfache wie sinnreiche und wirkungsvolle Einrichtung denen des
Barsches weit über sind. Der Fisch hat also keine Muskelkraft
nötig, um die Stacheln aufrecht zu erhalten, was ihn rasch ermüden
müßte, sondern er braucht nur die Sperrvorrichtung am Gelenk-
knopf des Stachels einzuschalten, worauf dieser unverrückbar feststeht, so daß er selbst von einem Menschen nur unter Anwendung
erheblicher Kraft und durch Zerbrechen des Sperrgelenkes nieder-
gedrückt werden kann. Dagegen besorgt der Stichling selbst dieses
Niederlegen der Stacheln mit Leichtigkeit durch einen einzigen Mus-
kelzug, durch den der Gelenkkopf aus seiner Lage herausgehoben
wird. Der russische Fischkundige Thilo ist übrigens der Ansicht,
daß namentlich der Bauchstachel nicht nur als Waffe diene, sondern
daß sich der Stechbüttel mit ihm durch Einstoßen in den Untergrund
auch im reißenden Strome oder in der tosenden Brandung verankern
könne und dadurch gleichfalls viel Muskelkraft erspare. Vielleicht
halte das Tier auch in ähnlicher Stellung einen Winterschlaf. Die
dem Stechbüttel von Natur aus schon jederzeit eigene Unruhe, Rast-
losigkeit und Händelsucht steigert sich mit Beginn der Laichperiode
zu einer wahrhaft heillosen Nervosität, die sich nicht selten in brutalen Mißhandlungen der schwächeren Weibchen durch ihre gestren-
gen Eheherren Luft macht. Aber gerade jetzt wird die Beobachtung

der jähzornigen Zwerge (nur ausnahmsweise wird der Stichling
über 8 cm lang) doppelt unterhaltend, denn der Stichling gehört
ja zu denjenigen Fischen, die im Wasser richtige Nester bauen, wie
die Vögel im grünen Gezweig. Zunächst höhlt das Männchen in einem
recht stillen und traulichen Winkel und am liebsten in Anlehnung
an einen stärkeren Wasserpflanzenstengel eine Grube im sandigen
Boden aus, die etwa Form und Größe eines halben Hühnereies
hat und durch eifriges Fächeln mit den Flossen sauber gereinigt und
geglättet wird. Dann geht es mit geradezu rührendem Fleiße an
das Herbeischleppen von allerlei Baumaterial, wie es sich im Wasser
treibend findet oder mit großer Kraftanstrengung von den Pflanzen
abgerissen wird. Hälmchen, Würzelchen, Blätter, Stengel aller Art
und selbst Steinchen müssen dazu dienen. Zuerst wird eine solide
Unterlage geschaffen und fest zusammengekittet, indem der darüber
stehende Fisch aus seiner Afteröffnung tropfenweise ein äußerst
klebriges Nierensekret austreten läßt, das ihm also als Mörtel dienen
muß. Dann führt der kleine Baukünstler die Seitenwände und
schließlich mit besonderer Sorgfalt die obere Wölbung auf, so daß
das Ganze Form und Größe einer mäßigen, länglichen Kartoffel
erhält. Nach Schaffung der Eingänge erinnert das Gebilde sehr
an einen kleinen Muff. Zuletzt wird durch wiederholtes Einbohren
mit der Schnauze eine nett gerundete Eingangsöffnung geschaffen.
Gar nicht hübsch genug kann der um diese Zeit selbst die Suche nach
Nahrung vergessende Stechbüttel seine Hochzeitskammer bekommen.
Immer hat er noch daran zu bessern und zu runden und zu glätten,
hier ein widerspenstiges Hälmchen zurechtzubiegen, dort noch ein
besonders gefallendes Würzelchen einzubauen. Während der ganzen,
etwa 2—3 Tage umfassenden Bauzeit befindet sich der kleine Kerl
in der leidenschaftlichsten Erregung, vor allem beim Erscheinen eines
männlichen Artgenossen, mit dem sofort ein ingrimmiges Duell aus=
gefochten wird. Auch die Weibchen, die sich etwa neugierig und
voreilig dem geheimnisvollen Wasserschloß nähern, werden rücksichts=
los weggebissen, solange dieses nicht völlig vollendet ist. Sobald
aber das fertige Werk endlich zu seiner Zufriedenheit ausgefallen
ist, wird aus dem unverträglichen Neidhammel mit einem Schlage
ein galanter, wenn auch sehr stürmischer und leidenschaftlicher Lieb=
haber. Fast tänzelnd nähert sich das farbenglühende Männchen den
verschüchtert in irgendeinem Winkel des Wasserpflanzenwustes zu=

sammengedrängten Weibchen und sucht vor diesen seine Reize unter
Aufbietung aller Schwimmkünste zu entfalten, wodurch er ihr Wohl=
gefallen in solchem Maße erregt, daß schließlich ein Exemplar mit
reifem Laich seinen liebenswürdigen Werbungen und Einladungen
nicht widerstehen kann, sondern ihm langsam und zögernd unter
oftmaligem Ausreißen und Wiedergeholtwerden zu der so schön und
sorgsam bereiteten Hochzeitskammer folgt. Zögert es, das kleine
Heiligtum durch den engen Eingang zu betreten, so wird von dem
seine Herrennatur auch jetzt nicht ganz verleugnenden Männchen
durch Schläge mit der Schwanzflosse oder Stoßen mit dem Maule,
im Notfalle selbst durch einen scharfen Sporenstich mit dem langen
Mittelstachel gehörig nachgeholfen, und wenn die spröde Schöne erst
einmal den Kopf ins Innere des Nestes gesteckt hat, legt sich das
Männchen trotzig quer vor den Eingang und läßt seine Auserkorene
nicht wieder heraus. Sie legt daher einige Eier ab, die eine Minute
später von dem nachschwimmenden Männchen befruchtet werden, und
bahnt sich dann mit der Schnauze auf der entgegengesetzten Seite
einen Ausweg durch die Wandung, so daß also das Nest von diesem
Augenblicke an zwei Öffnungen aufzuweisen hat. Nach einer Erho=
lungspause begibt sich das Männchen abermals auf die Brautschau
und wiederholt dieses Spiel so lange, bis ihm die Zahl der im Neste
aufgespeicherten glashellen und mohnkorngroßen Eier genügend
erscheint. Hat es so seinen Zweck erreicht, so wird es sofort wieder
zum brutalen Tyrannen und verfolgt jedes sich nähernde Weibchen
mit solcher Roheit, daß es nicht selten an den Folgen der erlittenen
Mißhandlungen eingeht. Freilich hat der kleine Bosnickel dazu auch
einen gewichtigen Grund, denn das Hochzeitsbett hat sich ja jetzt
zur Kinderwiege gewandelt, und nun heißt es, Vaterpflichten zu
erfüllen. Und die sind gerade im Stechbüttelleben wahrlich nicht
leicht, erfordern vielmehr eine beispiellose Aufopferung und Selbst=
verleugnung. Fortwährend steht der Herr Papa vor seiner Kinder=
stube auf der Lauer und schießt wie ein schimmernder Pfeil auf jedes
Lebewesen los, dem nur irgendwie Appetit auf Kaviar zuzutrauen
wäre. Am meisten versessen auf die Eier sind die kannibalischen
Stichlingsweibchen selbst, und so erklärt es sich wenigstens, daß der
heißblütige Gemahl ihnen gegenüber so rauhe Saiten aufziehen muß.
Ist er nicht gerade im Kampfe mit einem wirklichen oder vermeint=
lichen Feinde oder auf dessen Verfolgung begriffen, so steht er steil

über der Eingangsöffnung und erzeugt in dieser durch beständiges
Fächeln mit den Flossen und mit einer Ausdauer und Unermüdlich=
keit, die uns die größte Achtung abnötigen müssen, einen frischen
Wasserstrom kräftigster Art, so daß den Eiern immer genügend
Sauerstoff zugeführt wird und sie nicht der Verpilzung anheim=
fallen können. Sind ihnen nach etwa 5—6 Tagen die winzigen
Jungen entschlüpft, so beginnt für den vielgeplagten Vater erst recht
eine schwere Zeit, denn er muß sich bemühen, dieses kribbelige hun=
dertköpfige Kindergewimmel in Ordnung zu halten und die un=
beholfenen und wehrlosen Kleinen vor einem vorzeitigen Verlassen
des schützenden Nestes zu bewahren. Aber das fällt schwer genug,
denn schon in diesen Liliputanern kreist das unruhige Stichlingsblut.
Hier erwischt der Papa gerade noch einen der leichtsinnigen Aus=
reißer, verschluckt ihn und speit ihn dann behutsam wieder in das
auch fortwährende Ausbesserungen nötig machende Nest zurück, und
dort sind dafür schon wieder zwei andere in die fremde Welt hin=
ausgestürmt. Erst wenn die Jungen nach etwa 14 Tagen einiger=
maßen selbständig geworden sind, erkaltet allmählich die treubesorgte
Liebe des Stichlingsmännchens, und bald darauf kümmert es sich
gar nicht mehr um seine Nachkommenschaft. Aber seine aufopfernde
Brutpflege hat es doch fertig gebracht, daß die meisten Eier zu
lebensfähigen Jungen wurden, und so erklärt es sich auch, daß der
Stichling mit einer Eierzahl von nur 60—80 pro Jahr und Weib=
chen sein Auslangen findet, die doch dem Eierreichtum anderer Fische
gegenüber verschwindend gering erscheint. Ja, die Vermehrung der
Stichlinge ist bisweilen so stark, daß in ihren Wohngewässern über=
völkerung eintritt und dann ein großes Massensterben anhebt, so
daß die verwesenden Kadaver von Hunderttausenden von Stech=
bütteln weithin die Gewässer verpesten. Auch unter Schmarotzern
hat der Stichling vielfach zu leiden, und namentlich finden sich in
seinem Leibe oft Eingeweidewürmer (Schistocéphalus) von solcher
Größe und in solcher Zahl, daß sie ihm den Bauch unförmlich auf=
treiben und schließlich zum Platzen bringen. Wenn man den Stich=
ling seinem Benehmen nach mit dem Kampfhahn unter den Vögeln
vergleichen könnte, so hinsichtlich seiner Ernährungsweise sicherlich
mit der Spitzmaus unter den Säugetieren. Mit unersättlicher Raub=
gier stürzt sich der stachlige Heißsporn auf alles, was er bewältigen
zu können glaubt, und er hat ja von seinen eigenen Kräften keine

geringe Vorstellung. Beſäße er die Größe und Kraft eines Wellers, er würde in wenigen Jahren alle Gewäſſer der Erde entvölkern. Namentlich in Nord= und Oſtdeutſchland fehlt er keinem pflanzen= reichen Teich, toten Flußarm oder auch nur Waſſergraben, aber im ganzen Donaugebiet iſt er eine unbekannte Erſcheinung. Er gewöhnt ſich auch an das Leben im Meerwaſſer und bildet dann die Panzer= platten an ſeinen Körperſeiten noch ſtärker aus. Die Syſtematiker haben aus ſolchen Abänderungen eigne Arten machen wollen, ſind aber dabei entſchieden im Unrecht, wie die biologiſchen Forſchungen erwieſen haben, da ſich in einem Neſte oft verſchiedene dieſer an= geblichen Arten vereinigt finden. So hervorragend intereſſant und intelligent unſer Fiſchchen dem Auge des Naturfreundes erſcheint, ſo wenig will doch in der Regel der Berufsfiſcher von ihm wiſſen, der ihm nachſagt, daß er ein böſer Feind des Fiſchlaiches und der Fiſch= brut, ſowie ein arger und kaum aus dem Felde zu ſchlagender Nah= rungswettbewerber für die wertvollen Speiſefiſche ſei. Auch in geſundheitlicher Beziehung bringe ſein häufiges Maſſenſterben nicht zu unterſchätzende Gefahren mit ſich. Das mag alles bis zu einem gewiſſen Grade ſeine Richtigkeit haben, aber wir wollen gerade in letzterer Beziehung nicht vergeſſen, daß eben der Stichling einer der wirkſamſten Vertilger der Stechmückenlarven iſt, alſo der Anópheles, die als Trägerin und Verbreiterin der gefürchteten Malaria=Blut= paraſiten gilt. Als Braten kann der Stechbüttel ſchon wegen ſeiner Kleinheit nicht in Betracht kommen, aber er wird doch bisweilen ſo maſſenhaft gefangen, daß man ihn als wertvollen Dung auf die Felder hinausfährt oder zum Tranauskochen benutzt. So wird allein im Pillauer Tief und den angrenzenden Gewäſſern aus Stichlingen alljährlich durchſchnittlich für 22000 Mark Tran gewonnen, in manchen Jahren ſogar mehr als das Dreifache. Ein Vetter des Stech= büttels, der 7—11 Rückenſtacheln führende Zwergſtichling (Gasterósteus pungítius) iſt unſer kleinſter Fiſch, da er 6 cm Geſamt= länge kaum überſchreitet (als winzigſter Fiſch der Erde gilt der nur 1¹/₂ cm lang werdende Luzonfiſch der Philippinen). Sein Hoch= zeitsgewand iſt nicht ſo farbenprächtig wie bei der größeren Art, wirkt aber dafür vornehmer: ein tiefes, geſättigtes Sammetſchwarz, aus dem ſich die ſmaragdgrün funkelnden Augen ganz wunderſam herausheben. In der Neſtanlage unterſcheidet er ſich inſofern, als er ſeinen Bau ſtets ſchwebend an Waſſerpflanzen frei befeſtigt.

Weitaus nicht von der bestechenden Farbenschönheit wie bei Stechbüttel und Bitterling, aber dafür um so merkwürdiger und eigenartiger, jedenfalls viel dauerhafter und nicht fortwährenden Schwankungen und Gemütsaufwallungen unterworfen ist das hoch= zeitliche Gewand bei der Karpfengruppe. Hier erhalten nämlich die Männchen zu Beginn der Laichzeit am Vorderkörper einen weiß glänzenden Perlausschlag, der später gelblich wird und schließlich von selbst wieder abfällt. Der uns vertrauteste Fisch, der Karpfen (Cyprínus cárpio), darf gewissermaßen als das Urbild der Fisch= gestalt gelten, sozusagen als der Fisch an sich, und doch ist es gar nicht so leicht, diese zur Weihnachtstafel so hochwillkommene Erscheinung naturgeschichtlich einigermaßen richtig zu kennzeichnen. Das hängt vor allem damit zusammen, daß der Karpfen wie jedes vom Menschen gezüchtete Haustier — und wenigstens als ein halbes Haustier muß er heute wohl bezeichnet werden — im Laufe der Jahrhunderte eine Menge Varietäten ausgebildet hat, die ihrerseits wieder vielfach in= einander übergehen oder miteinander verbastardiert werden. Da gibt es z. B. die hochrückigen und schnellwüchsigen, durch delikates Fleisch ausgezeichneten, aber in der Nahrung wählerischen und auch sonst ziemlich empfindlichen Galizier, als Gegenstück zu ihnen die Lausitzer mit breitem und niedrigem Rücken, geringerem Fleisch, aber besonders stark entwickelten Geschlechtsprodukten, von lang= samerem Wachstum, aber anspruchslos und unempfindlich, wie es nur ein Fisch sein kann, und so hat fast jede Karpfengegend ihre besonderen Eigenheiten aufzuweisen, die das geschulte Auge des Kundigen sofort erkennt und danach die Herkunft des Fisches mit erstaunlicher Sicherheit zu bestimmen vermag. In bezug auf die Be= schuppung seien als bekannte Rassen genannt der schuppenlose Leder= karpfen und der hochgeschätzte Spiegelkarpfen, bei dem zwar auch größere Teile des Leibes nackt sind, während sich über andere streifen= förmig angeordnete plattenförmige Schuppen von außerordentlicher Größe hinziehen, die ersichtlich aus der Verschmelzung mehrerer kleiner Einzelschuppen hervorgegangen sind. Diese Rassen lassen sich aber weder bisher rein durchzüchten, noch sind sie besonderen Gegenden eigentümlich. Auch an krankhaften Abnormitäten fehlt es gerade beim Karpfen keineswegs. So gibt es Zwitter, Giftlinge, Mops= mäuler, Albinismen mit Goldschuppen, schwanzlose Exemplare usw. Der behäbige Karpfen, der so viel sattes Behagen und eine so spieß=

bürgerliche Selbstzufriedenheit zur Schau trägt, hat oft als der
deutscheste Fisch gegolten, und doch ist er wahrscheinlich ebensogut
ein Fremdling in unseren Gewässern, wie Fasan und Kaninchen in
unseren Wäldern und Fluren, wenn er sich auch das Bürgerrecht
schon längere Zeit ersessen hat. Zwar will Nehring in jungen, jedoch
immerhin vormenschlichen norddeutschen Erdablagerungen verstei-
nerte Karpfenreste gefunden haben, wonach also der Fisch von jeher
bei uns ansässig gewesen sein müßte, aber ich möchte doch Marshall
beipflichten, wenn er meint, daß hier wohl eine Verwechslung mit
der Karausche vorliege, denn die Schuppen, Gräten und Kopfknöchel-
chen dieser beiden so ähnlichen und sich oft fruchtbar miteinander
vermischenden Fische wird wohl auch der scharfsinnigste Gelehrte
kaum mit Sicherheit voneinander zu unterscheiden vermögen, noch
dazu in versteinertem Zustande. Wahrscheinlicher ist wohl, daß die
Urheimat des Karpfens im fernen Orient zu suchen ist, von wo er
durch die Römer, die übrigens gerade an diesem Fisch keinen besonderen Geschmack fanden, so lüsterne Fischesser sie sonst auch waren,
zuerst nach Südeuropa und erst in karolingischer Zeit nach Deutschland gebracht wurde, während er heute fast in der ganzen Kultur-
welt zu finden ist. Viererlei verlangt der Karpfen stets und überall
von seinem Aufenthaltsorte, wenn er gedeihen und sich ordentlich
fortpflanzen soll: schlammigen Untergrund, intensive Besonnung,
weiches und ruhiges Wasser mit genügender Vegetation und zum
Laichen geschützte und seichte Stellen. Rasch fließende Gebirgs-
wasser mit sandigem oder kiesigem Untergrund meidet dieser Fisch
durchaus. Er gehört zu den sogenannten Friedfischen, ist also kein
grimmiger Räuber, sondern ein gemütlicher Allesfresser, der namentlich allerlei kleines Gewürm, aber auch Pflanzenteile verzehrt.
Seinen endständigen, mit 4 Barteln versehenen, dicklippigen und
sehr beweglichen Mund benutzt der Karpfen zwar nicht zum Küssen,
wie Marshall launig bemerkt, obwohl er sich dazu wegen seines
großen Nervenreichtums ganz hervorragend eignen würde, wohl
aber zum fleißigen Durchwühlen des Bodenschlamms, dem er seine
meiste und zusagendste Nahrung entnimmt. Bei seiner faulen Lebensweise schlägt sie ihm auch recht gut an, und so wird der Fisch
als „bemoostes Haupt" ein großer Phlegmatiker, dem so leicht nichts
seine beschauliche Lebensweise stört. Der Studentenausdruck „bemoostes Haupt" stammt übrigens gerade vom Karpfen her und ist

bis zu einem gewissen Grade sogar wörtlich zu nehmen, wenn es auch nicht gerade Moos ist, das den ehrwürdigen Kopf eines solchen Methusalem, dem oft vor Altersschwäche sämtliche Schuppen aus= gefallen sind, mit einem grünen Schleier überzieht, sondern lediglich gewisse, an ihm schmarotzende Parasiten. Solche alte Karpfen haben, obschon sie zuletzt kaum noch wachsen, natürlich auch eine ent= sprechende Länge und ein recht ansehnliches Gewicht, obschon im allgemeinen bereits 40 pfündige Karpfen zu den Seltenheiten gehören. Am schmackhaftesten sind sie bei Eintritt der Geschlechts= reife, also im dritten Lebensjahr, weshalb auch drei= und viersöm= merige Karpfen im Gewicht von 1½—2 kg die gesuchteste und am besten bezahlte Marktware bilden. In einer Beziehung ist der gern gesellig lebende Karpfen den farbenschönen Fischarten, die vorher geschildert wurden, entschieden über, nämlich in bezug auf Frucht= barkeit, worauf ja schon sein wissenschaftlicher Name (auch der deutsche dürfte auf eine Verstümmelung desselben zurückzuführen sein) hinweist, der an die zyprische Liebesgöttin als Beschützerin der Fruchtbarkeit erinnert. Es ist in der Tat erstaunlich, welche Un= menge von Eiern so ein Karpfenleib zu produzieren vermag. Wäh= rend man früher auf 3—600 000 Eier beim Rogner schloß, haben neuerdings genaue Schätzungen durch Staff ergeben, daß selbst diese ungeheuerlichen Zahlen noch weitaus zu niedrig gegriffen waren. Es kommen vielmehr auf jedes Kilo Fleischgewicht nahezu 400 000 Eier, also auf einen halbwegs erwachsenen Mutterfisch etwa 1,6 bis 1,7 Millionen! Auf einer bayrischen Fischereiausstellung wurden kürzlich einem Karpfen, bei dem infolge Laichverhaltung eine Ver= flüssigung der Eierstöcke eingetreten war, nicht weniger als 1700 ccm Flüssigkeit abgezapft. Es können also ungezählte Massen davon als Eier oder Jungfischchen zugrunde gehen, ohne den Bestand der Art im geringsten zu gefährden, denn es genügt vollkommen, wenn nur je 10 000 Eier einen Fisch liefern. Die stecknadelkopfgroßen Eier werden an Wasserpflanzen angeklebt, und das Laichgeschäft vollzieht sich unter vielem Geplätscher an ganz seichten Stellen. Bei der Beliebtheit, deren sich das zarte Karpfenfleisch heutzutage allent= halben erfreut, und bei der großen Lebenszähigkeit dieses Fisches, die seine Versendung auf weite Entfernungen hin gestattet, wird Karpfenzucht in allen dazu geeigneten Gegenden mit viel Eifer und Erfolg betrieben, und der Karpfen ist der wichtigste Bewohner unſerer Fiſchteiche geworden. Hauptbedingung für eine erfolgreiche Karpfenzucht im großen iſt, daß man über verſchiedene Arten von Teichen verfügt: kleine, ſonnige, pflanzenreiche, flache Zuchtteiche, die erſt unmittelbar vor der Laichperiode beſpannt werden, um keine Paraſiten aufkommen zu laſſen, größere Zuwachsteiche mit reichlichem Naturfutter, die in der Mitte eine vertiefte, nie aus= frierende Mulde zum Überwintern der Fiſche haben müſſen, und endlich Kaufgutteiche, in denen die Karpfen vollends die marktfähige Größe erreichen ſollen. Um das zu beſchleunigen, wird auch noch beſonders gefüttert, und es kommt darauf an, Futtermittel zu wählen, die das in ihnen angelegte Geld möglichſt raſch in möglichſt viel gutes und wertvolles Fiſchfleiſch verwandeln. Namentlich in Schleſien, Böhmen und Galizien befinden ſich großartige Karpfen= zuchtanſtalten dieſer Art. Gewonnen wird der weitaus größte Teil des auf den Markt gelangenden Karpfenfleiſches durch Ablaſſen der Teiche, da der träge und alles Verſchluckbare vorher vorſichtig betaſtende Fiſch nur ſchlecht nach der Angel geht und auch ſeiner bodenſtändigen Lebensweiſe halber nicht gut in größerer Menge mit dem Netz zu fangen iſt. Vor Weihnachten iſt Hochſaiſon auf dem Karpfenmarkt. Dann tragen ganze, beſonders dazu eingerich= tete Eiſenbahnzüge die ſchmackhaften Schuppenträger aus Galizien und Schleſien nach Norden, oder eigens für dieſen Zweck zuſammen= geſtellte Flöße mit eingebauten Fiſchkäſten bringen ſie auf der Moldau und Elbe nach unſerer Reichshauptſtadt. Blau geſotten, gebacken, als Bierfiſch oder mit Paprikatunke — kurz, in jeder Form bildet dieſer nützliche Fiſch eine geſunde und faſt allgemein beliebte Speiſe. Nur iſt zwiſchen Karpfen und Karpfen ein großer Unterſchied. Vor allem muß der Fiſch ganz friſch ſein, was die Hausfrau an den blanken und klaren Augen und daran erkennen kann, daß ein Fingerdruck auf das Rückenfleiſch ſofort wieder ver= ſchwindet. „Friſche Fiſche — gute Fiſche" ſagt ſehr richtig das Sprichwort. Leider hat ſich bei uns die Karpfenzucht nachgerade faſt zu einem Privileg des Großgrundbeſitzes herausgebildet. Und doch läßt ſich der Fiſch ſelbſt in den elendeſten Dorfteichen mit großem Erfolg, wenn auch nicht züchten, ſo doch mäſten. In dieſer Beziehung geſchieht noch viel zu wenig, denn ſo können ſonſt faſt ertragloſe Waſſerflächen noch eine ſchöne Rente abwerfen.

Gerade bei dem langſam durch die Fluten ziehenden Karpfen

lassen sich sehr gut die Schwimmbewegungen des Fisches beob=
achten und studieren. Bei aufmerksamer Betrachtung werden wir
sehen, daß es nicht eigentlich die Flossen, oder diese doch nur in
geringem Grade sind, die den Fisch fortbewegen. Das hauptsächliche
Fortbewegungsorgan ist vielmehr der Schwanz, überhaupt die ganze
hintere Körperhälfte. Sie ist mit zwei Reihen starker Muskelzüge
ausgestattet, durch deren Zusammenziehen kräftige Schläge gegen
das Wasser geführt werden, und zwar in einer derartigen Richtung,
daß sie den Fisch vorwärts treiben müssen. Abwechselnde Biegungen
der Schwanzflossenzipfel können allerdings auch nach Art einer
Schiffsschraube wirken und den Fisch langsam vorwärts bringen.
Die paarigen Flossen aber wirken lediglich regulierend und steuernd,
während After= und Rückenflosse die Körperfläche vergrößern und
ein Hin= und Hergeworfenwerden des Fisches bei den heftigen und
wechselnden Schwanzschlägen verhindern. Experimentatoren haben
nachgewiesen, daß ein der Rückenflosse beraubter Fisch im Zickzack
schwimmt, daß er sich bei einseitiger Entfernung der das Gleich=
gewicht haltenden Brust= und Bauchflossen auf die Seite legt, daß
bei Entfernung beider Brustflossen das Vorderende tief sinkt und
daß nach Abschneiden sämtlicher paariger Flossen der Fisch auf dem
Rücken schwimmt. Ein Vorwärtsschlagen der Brustflossen ermög=
licht ein langsames Rückwärtsschwimmen. Der französische Gelehrte
Houssay hat übrigens durch vergleichende Experimente mit einer
großen Zahl künstlicher Modelle festgestellt, daß der Fischkörper, der
ja auch für die menschliche Schiffstechnik vorbildlich und maßgebend
gewesen ist, gerade in bezug auf die leichte Überwindung des Wasser=
widerstandes heute von unseren Schiffsmodellen bereits überholt ist,
daß er aber in bezug auf Stabilität, also das Vermögen, die richtige
Lage im Wasser beizubehalten, noch unerreicht dasteht. In dieser
Beziehung sind namentlich die paarigen Fischflossen ein ganz unüber=
trefflliches Werkzeug. Weitere Versuche von Alliaud und Vles mit
elektrisierten Fischen haben gezeigt, daß die Fische eine stete Muskel=
anstrengung aufwenden müssen, um sich in den Fluten ihre gewöhn=
liche Lage zu erhalten. Setzt man diese Muskelkraft durch den
elektrischen Strom außer Tätigkeit, so dreht sich der Fisch sofort
um und treibt hilflos auf dem Rücken. Er gleicht also nicht einem
Schiff, sondern einem Radfahrer, der sich ja auch mit fortwährender
Muskelarbeit im Gleichgewicht erhalten muß. Ein anderer fran=

zösischer Gelehrter, Regnard, hat auf sinnreiche Weise Untersuchun=
gen über die Schnelligkeit der schwimmenden Fische angestellt.
Er ließ kreisförmige Wasserrinnen herstellen, die durch einen elektri=
schen Motor gedreht wurden, worauf die eingesetzten Versuchsfische
gegen den Strom zu schwimmen suchten. Wenn sie dann trotz aller
Anstrengungen auf der gleichen Stelle stehen blieben, mußte ihre
Geschwindigkeit gleich der Drehungsgeschwindigkeit des Apparates
sein. Es ergab sich, daß die Schwimmgeschwindigkeit von Karpfen
und Weißfischen etwa das Zehnfache ihrer Körperlänge in der
Sekunde beträgt, daß aber ihre Ausdauer bei solch höchster Kraft=
anspannung nur gering ist, und bald Ermüdung eintritt. Die
Schwimmgeschwindigkeit verminderte sich sofort auf ein Drittel,
wenn man die Schwanzflosse abschnitt, während die Entfernung von
Brust= oder Bauchflossen nur dann einen größeren Einfluß aus=
übte, wenn sie lediglich auf einer Seite geschah. Von der so ermittel=
ten Schnelligkeit ist natürlich diejenige verschieden, die die Fische
beim Rauben oder auf ihren Wanderungen entwickeln. Den Rekord
soll die Forelle mit 35 km in der Stunde halten; der Hecht soll
23—27, die Barbe 18, Karpfen, Schleie und Aal 12 km in der
Stunde zurücklegen können. In Siam veranstaltet man in langen
Aquarien sogar besondere Wettrennen zwischen verschiedenen Fisch=
arten, und der auch in Europa wohlbekannte verstorbene König
Chulalongkorn soll bei einem solchen Rennen einmal eine seiner
Frauen verwettet haben.

Im Zusammenhange mit diesen Betrachtungen seien auch gleich
noch der für die Fische vielfach so kennzeichnenden Schwimmblase
und ihrer biologischen Bedeutung einige Worte gewidmet. Sie fehlt
als zwecklos den echten Grundfischen, die keinen Druckschwankungen
ausgesetzt sind, aber auch manchen guten Schwimmern, wie dem Hai
und der Makrele, ohne daß wir bisher wissen, warum, und wodurch
sie ihnen ersetzt wird. Sie ist ein aus luftdichten Häuten bestehender
Sack zwischen Darm und Nieren, der sich oft durch die ganze Leibes=
höhle erstreckt, aber nach Form und Ausdehnung sehr verschieden
gestaltet ist. Beim Karpfen ist sie durch eine Einschnürung in zwei
Teile zerlegt, die Flughähne haben zwei nebeneinander liegende
Blasen, der Schlammbeißer eine in eine Knochenkapsel eingehüllte.

Im embryonalen Zustande hat die auf eine Darmausstülpung zu=
rückzuführende Schwimmblase stets einen zu ihrer Füllung dienenden

Luftgang, der z. B. den Ganoidfischen auch im Alter verbleibt, während er bei der Mehrzahl der erwachsenen Fische verschwunden ist. Das Organ dient einmal dazu, das spezifische Gewicht des Fisches durch Ausdehnung oder Zusammenziehung zu regeln und ihm damit ein leichtes Auf= oder Niedersteigen zu ermöglichen. Diese Zusam= menziehungen geschehen in der Hauptsache passiv durch den Wasser= druck und nur zum geringen Teile aktiv durch die ziemlich schwach entwickelte Blasenmuskulatur, die mehr zur Verlegung des Schwer= punktes dient und besonders bei plötzlichem Höhenwechsel in Tätig= keit tritt. Die endgültige und für längere Zeit wirksame Einstellung der Schwimmblase auf ein bestimmtes Höhenniveau aber erfolgt unter Ersparung von Muskelkraft lediglich durch Abscheidung von Sauerstoff in ihren leeren Raum oder durch das Einsaugen von solchem aus ihm. Schon Moreau hat 1876 erkannt, daß das die Schwimmblase füllende Gas in der Hauptsache reiner Sauerstoff ist, aber erst 1903 hat uns Jäger=Gießen darüber aufgeklärt, wo und wie dessen Abscheidung geschieht. Er entdeckte an der unteren Wand der Schwimmblase eine sehr verschieden starke (bei Süßwasserfischen nur 2—4, bei Seewasserfischen 20 und mehr Schichten) Anhäufung eigentümlicher Drüsenzellen, die durch eine vergiftende Tätigkeit die roten Blutkörperchen vernichten, wodurch der Sauerstoff frei wird, sich verdichtet und in das Innere der Schwimmblase strömt. Er nannte dieses Organ den „roten Körper". Will der Fisch sich in einem höheren Niveau aufhalten, so muß das Gegenteil geschehen, der Sauerstoff muß wieder aus der Blase entweichen können. Diese Zurückleitung des Sauerstoffes in das Blut besorgt das im oberen Teile der Schwimmblase gelegene, durch Muskelwirkung zu öffnende oder zu schließende „Oval", das auffallenderweise allen denjenigen Fischen fehlt, die einen Luftgang besitzen. Eingeleitet werden alle diese Vorgänge durch Nervenreizungen, und Thilo hat nachgewiesen, daß ein Druck auf die Schwimmblase Hebel in Bewegung setzt, die auf eine Platte im Rückenmark wirken, so daß Druckschwankungen den Fischen unmittelbar zum Bewußtsein gelangen. Man könnte also die Schwimmblase fast auch als ein Sinnesorgan ansehen, und jedenfalls erspart sie dem Fische sehr viel Muskelarbeit. — Obwohl die Fische bei ihrem ständigen Aufenthalt in einem flüssigen Medium ein wirkliches Durstgefühl kaum kennen werden, verschlucken sie doch schon rein zufällig eine Menge Wasser, und es ist auch kaum anzunehmen, daß dieses für den Aufbau ihres Körpers entbehrt werden könnte. Wenigstens haben Versuche mit gefärbtem Wasser, die die biologische Anstalt in Friedrichshafen anstellte, unzweifelhaft ergeben, daß die Fische Wasser auch in den Magen aufnehmen. Dadurch erklärt es sich auch, daß man bisweilen sogar betrunkene Fische findet, die die tollsten Kapriolen vollführen, nämlich da, wo Hefenfabriken den als Nebenprodukt bei der Hefenfabrikation

Karausche (Carássius carássius). (Naturaufnahme von Oberlehrer W. Koehler.)

gewonnenen Spiritus der Steuerersparnis halber einfach ins Wasser laufen lassen. Dann gibt es billige Hefe, aber dafür betrunkene Fische.

Ein großer Teil unserer heimischen Fische gehört zur Verwandtschaft des Karpfens. Da ist zunächst die kleinköpfige und dünnlippige, selten mehr als ³/₄ kg schwer werdende Karausche (Carássius carássius), die oft von Aquarienfreunden, die schon Hunderte wertvoller Exoten gezüchtet haben, mit dem Karpfen verwechselt wird, obschon bei aller Ähnlichkeit des Körperbaus ein einziger Blick auf den kleinen Mund genügt zur sofortigen Unterscheidung, indem der Karpfen stets Barteln besitzt, die Karausche aber niemals. Sie vermischt sich auch fruchtbar mit dem Karpfen und wird deshalb in Zuchtteichen nicht gern gesehen, da sie mit ihrem minderwertigen, grätigen Fleisch die ganze Nachzucht zu verderben vermag. Auch im schmutzigsten und modrigsten Wasser hält dieser zähe und anspruchslose Fisch aus, denn überall findet er seine unreinliche Nahrung. Die ältesten Tierzüchter der Welt, Chinesen und Japaner, haben aus der Karausche schon vor uralten Zeiten einen farbenschönen Sportfisch herangezüchtet, der fast eine ähnliche Rolle spielt, wie der allverbreitete Kanarienvogel, und der als Goldfisch einen einzig dastehenden Siegeszug auch durch ganz Europa angetreten hat. Mancherlei absonderliche Spielarten, wie Teleskopfische und Schleierschwänze, sind dann weiter aus ihm hervorgegangen. Was den Goldfisch dem Laien so sehr empfiehlt, ist außer seiner bestechenden Farbenschönheit namentlich seine geradezu rührende Anspruchslosigkeit, die auch die ärgste Vernachlässigung und die naturwidrigste Behandlung geduldig hinnimmt, aber der echte Tierfreund wird an diesem Kunstprodukt doch nur wenig Gefallen finden; dazu ist der Goldfisch zu langweilig und zu stumpfsinnig. Ein ganz ausgesprochener Bodenfisch, der sich bei Gefahr geradezu in den Schlamm einzuwühlen pflegt und dadurch vielen Nachstellungen entgeht, ist die grünliche Schleie (Tinca tinca). Ihre unglaubliche Genügsamkeit und sehr geringes Sauerstoffbedürfnis ermöglichen ihr das Dasein selbst in den verjauchtesten Tümpeln. Ihr fettes und zartes Fleisch gereicht der vornehmsten Tafel zur Zierde, wenn man nur die Vorsicht übte, den Fisch vor dem Schlachten einige Wochen in fließendem Wasser zu halten, damit er den ihm meist anhaftenden Modergeschmack verlieren konnte. Um die Teichwirtschaft macht sich der träge Fisch durch fleißiges Vertilgen der schädlichen Fischegel verdient, wenn er auch andrerseits als Wettbewerber um die Nahrung der wertvolleren Karpfen von den Fischzüchtern nur widerwillig in den Teichen geduldet wird. Auch von dieser Form ist eine prachtvolle Spielart als Goldschleie bekannt. Interessanter als diese langweiligen Gesellen ist der kleinere, gestreckter gebaute und mit zwei Bartfäden versehene Gründling oder Greßling (Góbio góbio). Dieser sehr gesellige Fisch, dem man eine besondere Vorliebe für das Aas nachsagt, bevorzugt klares, fließendes Wasser mit sandigem oder kiesigem Untergrunde, findet sich aber auch an anderen Örtlichkeiten, selbst in unterirdischen Gewässern, so in der berühmten Adelsberger Grotte. Die bläulichen Eier werden im Kiesgeröll ganz seichter Bäche

abgeſetzt, worauf dann die Greßlinge wieder in ihre tieferen Wohn=
gewäſſer zurückkehren. Beim Ablaichen reibt das vom Männchen an
eine entſprechende Stelle getriebene Weibchen ſeine Bauchfläche am
Kieſe, wobei der Kopf und der ganze Rücken für ¹/₂—³/₄ Minuten
aus dem Waſſer hervorſehen. Die Jungen ſchlüpfen bei genügender
Wärme ſchon nach drei Tagen aus und hängen dann noch mehrere
Tage wie kleine graue Kommas an Steinen und Pflanzen umher,
ehe ſie die erſten unbeholfenen Schwimmverſuche beginnen. Auch im
Aquarium, für das ſich dieſer beſcheidene Fiſch überhaupt gut eignet,

Gründling (Góbio góbio). (Nach einer Aufnahme von Oberlehrer W. Koehler.)

iſt er ſchon gezüchtet worden, und ſoll dabei, wie ein ruſſiſcher Beob=
achter mitteilt, ſich zum Laichen eine beſondere Grube hergerichtet
haben. Trotz ſeiner geringen Größe findet der Gründling auch für
die Küche gern Verwendung, da ſein zartes Fleiſch von hervorragen=
dem Wohlgeſchmack iſt.   Im Donaugebiet wird unſere Art durch den
Steingreßling (Góbio uranóscopus) mit ſpitzerem Kopfe und
längeren Bartfäden vertreten. Beide Fiſche, die gewöhnlich am
Boden auf Beute lauern, bewegen ſich zwar ruckweiſe, aber nicht
mit übermäßiger Schnelligkeit fort. Da iſt die niedliche und anmu=
tige, ſtets zum Jagen und Spielen aufgelegte Elritze (Phoxinus
laévis) ein weit flinker Ding. Sie iſt äußerſt beweglich, namentlich
ſehr ſprungfähig, aber dabei im Freien ſchüchtern und ſchreckhaft.
Wenn ſich im Sommer das Waſſer zu ſehr erwärmt, wandern die

Elritzen oft in dichtgedrängten Scharen in die kühleren Gebirgs=
wässer aus und überspringen dabei Hindernisse, die in gar keinem
Verhältnis zu ihrer winzigen Körpergröße stehen. Bei solchen Ge=
legenheiten werden viele von ihnen gefangen und mariniert als
„Pfrillen" oder „Rümpchen" trotz ihres etwas bitterlichen Geschmacks
in manchen Gegenden sehr gern gegessen. Leider müssen bei dieser
Fangart auch zahlreiche Junge der wertvollsten Speisefische mit dran
glauben und sich als Rümpchen verzehren lassen. Der rundliche,
unverhältnismäßig großköpfige D ö b e l (Leuciscus céphalus), mit
dem breiten Maule und dem blaßrot schimmernden Bauch hält sich
in seiner Jugend massenhaft in kleinen kiesigen Bächen auf, während
er im Alter mehr in die Flüsse und Seen der Ebene hinabzieht. Er
ist pfeilschnell und räuberischer veranlagt als andere Karpfenfische.
Selbst Mäusen soll er nachstellen und deshalb in manchen Gegenden
geradezu „Mäusefresser" genannt werden. Bei solch reichlicher Kost
erreicht er denn auch ein Gewicht von 4 kg und darüber. Diesen
Angaben stehen nun freilich die Magenuntersuchungen Sustas schnur=
stracks gegenüber, der den Döbel für einen echten und sich hauptsäch=
lich an grobes Gras haltenden Grünweidefisch erklärt. Dieser Wider=
spruch erscheint noch völlig ungeklärt, denn es ist doch kaum denkbar,
daß ein und dieselbe Art vielleicht an verschiedenen Örtlichkeiten so
grundverschiedene Ernährungsweisen zeigen könnte. Eher möchte
ich glauben, daß die betreffenden Fische von diesem oder jenem For=
scher falsch bestimmt wurden. Auffallend ist die Vorliebe des Döbels
für Stromschnellen, Mühlwehre, Brückenpfeiler und ähnliche Örtlich=
keiten. Seiner vielen Gräten wegen ist er höchstens als Backfisch
und auch dies nur in ganz frischem Zustande zu verwerten. Angler
versichern, daß der Döbel auch an Beeren und süße Früchte geht, und
im Aquarium sah man jüngere Exemplare sowohl animalische wie
vegetabilische Kost zu sich nehmen. Die Angler haben von jeher
eine gewisse Vorliebe für diesen jetzt sichtlich seltener werdenden
Fisch gehabt, weil er auf alles anbeißt, so daß die Köderwahl ge=
geradezu zur Qual werden kann, und weil sich mit seiner stattlichen
Größe prahlen läßt. Die süd= und ostdeutschen Angler bezeichnen
den ziemlich proletenhaft anmutenden Fisch als Räuber, und die
Rhein= und Elbefischer erklären ihn für den friedfertigsten Gesellen
der Welt. Das Wahrscheinlichste ist wohl, daß Genosse Dickkopf
Allesfresser geworden ist und seine Speisekarte um eine Reihe von

Gerichten bereichert hat, die er früher nicht kannte und verschmähte. Ein unzweifelhafter Grünweidefisch ist dagegen der durch die kleine und schief aufwärts gerichtete Mundöffnung gekennzeichnete Aland (Leuciscus ídus), auch Silberorfe genannt. Eine besonders schöne Abart wird als Goldorfe gern in warmen Teichen gezogen, und sie eignet sich als Zierfisch namentlich auch insofern gut, als sie sich beim Schwimmen beständig an der Oberfläche hält und so ihre Schön= heit auch zur Geltung zu bringen weiß. Die wilde Stammform bean= sprucht reines, kaltes, tiefes, und schnellfließendes Wasser, ist auch selbst ein recht flinker Schwimmer. Der etwas dickköpfig aussehende Fisch, der bis 3 kg schwer wird, hat ein zwar grätiges, aber doch recht wohlschmeckendes, rötlich aussehendes Fleisch, und wird des= halb gern geangelt. Unter dem Sammelnamen „Weißfisch" faßt der Naturfreund eine Anzahl karpfenähnlicher Fische zusammen, deren Jugendformen oft selbst der Fachmann nur schwer auseinanderhalten kann, und deren erwachsene Stücke wenigstens der Laie sehr häufig verwechselt. Es sind die Proleten unserer Fischwelt, die nach Hand= werksburschenmanier in zahlreichen Trupps alle Wasserstraßen be= völkern. Hierher gehören z. B. zwei durch hübsch rote Flossenfarbe ausgezeichnete Fische, die Plötze (Leuciscus rútilus) und das Rot= auge. Will man sie mit voller Sicherheit bestimmen, so muß man schon zu den ein untrügliches Unterscheidungsmerkmal abgebenden Schlundzähnen seine Zuflucht nehmen, die bei der Plötze in einfacher Reihe stehen, links 6 oder 5, rechts stets 5, während sie beim Rotauge in zwei Reihen zu 3 und 5 angeordnet sind. Die Plötze ist wohl der gemeinste deutsche Fisch und wird deshalb auch vielfach gefangen, obwohl ihr stark mit Gräten durchsetztes Fleisch eigentlich nicht viel wert ist. Immerhin gibt sie frisch noch einen leidlichen Backfisch ab. Während sie bei uns kaum schwerer als $1\frac{1}{2}$ kg wird, werden im Kaspischen Meere noch heute bisweilen wahre Riesenplötzen gefangen. Beide Arten sind lebhafte und scheue, aber nicht eben sonderlich kluge Grünweidefische und laichen unter vielem Geplätscher gesellig, nach= dem sie in dichtgedrängten Scharen hierzu geeignete Plätze aufgesucht haben. Beim Rotauge (Leuciscus erythrophthálmus), auch Rot= feder genannt, fällt außer dem roten Auge namentlich die ungewöhn= lich harte und scharfe Beschuppung der Bauchgegend auf. Der stark messingglänzende Fisch, der seine beiden deutschen Namen vollauf rechtfertigt, ist eigentlich eine recht schöne Erscheinung und verdiente es, daß ihm die Aquarianer größere Beachtung als bisher zuwenden würden. Zwischen beiden Arten kommen auch Mischlinge vor, wie ja überhaupt bei dem geselligen Laichgeschäft der Karpfenfische oft genug ein zwar unbeabsichtigtes, aber fruchtbares Durcheinander entsteht, das der systematischen Forschung schon manche Schwierig= keiten in den Weg gestellt hat. Für die Küche taugt das Rotauge noch weniger als sein Vetter, und man verwertet sie deshalb am besten als Schweinefutter. Wichtiger für den menschlichen Haushalt ist der hochgebaute Blei oder Brassen (Abramis bráma), da er ein Gewicht bis zu 6 kg erreicht und sein Fleisch zwar auch ziemlich grätig, aber doch recht wohlschmeckend ist. Zur Laichzeit, bei der es sehr lebhaft zugeht, die großen Fische oft weit aus dem Wasser her= ausspringen und sich auch durch Beobachtung in unmittelbarer Nähe nicht stören lassen, nimmt der Blei eine fast hochgelbe Farbe an, und die Männchen sehen infolge des starken Hautausschlages wie zerkratzt und blutig zerschunden aus. Der stattliche Fisch mit dem schief= gestellten Mund bewohnt größere Ströme und tiefere Seen mit lehmigem Grund, den er beim geselligen Grasen oft derart aufwühlt, daß er weithin das Wasser trübt. Bei dieser schweineartigen Tätig= keit kommt ihm seine rüsselförmig ausgebildete Schnauze sehr zu= statten. Die Blikke oder der Güster (Blicca björkna) hat einen ähnlich hochrückigen Leibesbau wie die Abramisarten, und ein solcher darf in gewissem Sinne auch als eine Schutzmaßregel gelten, da die Raubfische sich nur ungern an so unbequem zu verschluckende Beute machen. Der Name dieses Fisches dürfte mit „blinken" zu= sammenhängen, ebenso wie „Pleinzen" *) mit „blinzeln". Die höchstens 1 kg schwer werdende Blikke ist einer unserer gemeinsten Fische und bevorzugt langsam fließendes Wasser mit sandigem Untergrund. Sonst scheu und vorsichtig, gibt sie sich doch dem Laichgeschäft im Spätfrühling mit so rückhaltloser Inbrunst hin, daß man sie dabei geradezu mit Händen greifen kann. Auch sie ist ein ausgesprochener Friedfisch, aber dabei so gefräßig, daß sie sich leicht angeln läßt, was allerdings ihres schlechten und grätenreichen Fleisches halber kaum der Mühe verlohnt. Als ein halber Raubfisch muß dagegen der schon durch sein großes Maul gekennzeichnete Rapfen (Aspius áspius) bezeichnet werden. Den kleinen Weißfischen stellt er mit

---

*) Es ist dies der Zobel (Abramis sáha) des Donaugebiets.

solcher Gier nach, daß er dabei öfters versehentlich auf den Strand
schießt und dann elend umkommen muß. In stillen Nächten betreibt
er seine Jagden mit weithin vernehmbarem Geräusch, indem sowohl
Verfolgte wie Verfolger dabei öfters hoch aus dem Wasser herausspringen. Trotzdem verrät der Rapfen immer eine gewisse Unge-
schicklichkeit in der Ausübung seines räuberischen Handwerks und
stößt viel öfters fehl als die echten Raubfische. Er ist ein Oberflächenfisch und bewohnt am liebsten langsam fließendes, aber reines
Wasser. Da er 6 kg schwer wird, könnte er für die Küche eine
Rolle spielen, wenn sein an sich fettes und wohlschmeckendes Fleisch
nicht so grätig wäre und beim Kochen nicht so leicht zerfiele. Wenn
auch das Fleisch des niedlichen Uckelei (Albúrnus albúrnus) ganz
ähnliche Eigenschaften aufweist und dieses glitzernde Fischchen schon
wegen seiner geringen Größe (es wird nur 15—20 cm lang) noch
weniger für die Küche in Betracht kommen kann, so beschäftigt es
doch in anderer Beziehung eine ganze Industrie und wird deshalb
in gewissen Gegenden Norddeutschlands, so namentlich am Frischen
Haff, während der Wintermonate in großen Zugnetzen massenhaft
gefangen. Aus seinen stark silberglänzenden, gegen jede unsanfte
Berührung sehr empfindlichen Schuppen, gewinnt man nämlich die
sogenannte Perlenessenz (Essence de l'Orient, deren Zusammen-
setzung und Herkunft früher ängstlich geheim gehalten wurde und
die von einem französischen Rosenkranzfabrikanten entdeckt worden
sein soll) zur Herstellung künstlicher Perlen. Die gefangenen und
ans Land gebrachten Fische werden sofort geschuppt, und die gereinig-
ten Schuppen in Kisten nach Paris oder Wien, neuerdings aber auch
vielfach nach Thüringen verschickt. In der Fabrik werden die
Schuppen zunächst 24 Stunden lang in Salzwasser gewässert, mit
leinenen Lappen abgerieben, schwach gepreßt, für ein Stündchen in
Alkohol gebadet und wieder getrocknet. Hierauf kommen sie in
Ammoniak, in dem sich die anderen Bestandteile leicht lösen, während
die den herrlichen Silberschimmer bedingenden Plättchen als kleine
Kristalle sich am Boden niederschlagen. Nach einigen Stunden kann
die wässerige Lösung behutsam abgegossen werden, und es bleibt
nur ein silberiges, dickes Öl übrig — die Perlenessenz. Sie wird in
hohle und dann mit Wachs zu verschließende Glasperlen gefüllt,
die dadurch einen prachtvollen, matten Perlenglanz erhalten. Die
besten Sorten dieser künstlichen Perlen sind den echten derart ähn-

lich, daß nur eine genaue Prüfung durch einen Sachverständigen die Imitation nachzuweisen vermag. Übermäßig billig sind sie freilich auch nicht gerade, was erklärlich wird, wenn wir uns vergegenwärtigen, daß etwa 20 000 Fischlein nötig sind, um nur ½ kg Perlenessenz anzufertigen. Man gewinnt aus den Uckeleischuppen wie aus denen verwandter Arten weiter auch noch die in der Malerei eine große Rolle spielende und ebenfalls teuer bezahlte Silbertinktur. Aber auch im Leben ist der sich hauptsächlich von Insekten und deren Larven ernährende Uckelei ein höchst anziehender und unterhaltender Fisch, der sich dem am Flußufer lustwandelnden Spaziergänger mehr bemerkbar macht, als irgendein anderer, da er häufig seinen silberglitzernden Leib aus dem Wasser herausschnellt, um eine über diesem tanzende Mücke oder Eintagsfliege zu erhaschen, und da er sich überhaupt gewöhnlich scharenweise dicht unter der Oberfläche herumtreibt und hier seine lustigen Spiele vollführt, überhaupt viel Frohsinn und Lebenslust bekundet, obgleich gerade er nicht nur den Raubfischen, sondern auch den Wasservögeln besonders häufig zur Beute fällt. Ängstliche Schüchternheit einerseits und eine unbezähmbare Neugier andrerseits sind seine hervorstechendsten Charaktereigenschaften. Gleich dem Uckelei gehören zur Gruppe der durch das schief nach oben gerichtete Maul ausgezeichneten Lauben noch die bei uns auf die klaren und tiefen Gebirgsseen Oberbayerns beschränkte Mairenke (Albúrnus ménto) und die fließendes Wasser bevorzugende Alandblecke (Albúrnus bipunctátus). Letztere heißt im Volksmunde gewöhnlich „Schneider", da ein zu beiden Seiten der Seitenlinie verlaufender Streifen schwarzer Pigmentpunkte wie eine Naht aussieht. Im Aquarium gemachten Beobachtungen zufolge soll sie eine Art Brutpflege ausüben, indem eines der Elterntiere den Laich bis kurz vor dem Ausschlüpfen bewacht und verteidigt und durch beständiges Flossenfächeln mit frischem, sauerstoffreichem Wasser umspült. An der sonderbar knorpeligen Schnauze, dem überragenden Oberkiefer und den harten, schneidenden Lippen ist die höchstens ½ m lang werdende Nase (Chondóstroma násus) sofort von anderen Süßwasserfischen zu unterscheiden. Auch biologisch hat sie mancherlei Eigentümlichkeiten aufzuweisen. Ihre scharfen Kiefernränder dienen dazu, den Algenüberzug von Steinen und dergleichen abzuweiden. Charakteristisch für sie ist, daß sie sich im seichten Wasser gern um sich selbst wälzt, so daß für Augenblicke die lichte

Unterseite zum Vorschein kommt. Zur Laichzeit gewinnt ihr dunkler Rücken ein streifiges Ansehen, und an den Mundwinkeln zeigt sich ein lebhaftes Orangerot.

Außer der Verfärbung zum Hochzeitskleid tritt mit Beginn der Laichfähigkeit bei vielen Fischen noch eine andere wunderbare Erscheinung auf: ihre mehr oder minder mit dem Fortpflanzungs= geschäft in Zusammenhang stehenden, durch rücksichtslose Kühnheit und erstaunliche Zähigkeit ausgezeichneten Wanderungen, die an geheimnisvollen Rätseln dem Vogelzug kaum nachstehen. Sehr oft sind ja die besten und sichersten Nährgründe nicht auch zugleich zum Absetzen des Laiches geeignet, und der Fisch ist deshalb gezwungen, eine weitgehende Ortsveränderung vorzunehmen, wenn er sich seiner Bürde entledigen und den Weiterbestand seiner Art sicher stellen will. Häufig kommt es vor, daß gewöhnlich im Meer lebende Fische zum Laichen hoch in die Flüsse hinaufsteigen oder umgekehrt das Süß= wasser zum Laichen mit dem Meer vertauschen. Zu diesen gehört beispielsweise der Aal, zu jenen der Lachs. Wenn wir diese echten Wanderer etwa mit den Zugvögeln vergleichen können, so gibt es andrerseits auch noch eine Reihe beschränkter Wanderer, die den Strichvögeln entsprechen und nur im gleichen Stromsystem oder Meere hin und her ziehen, wobei Wärme= und Ernährungsverhältnisse, Salzgehalt des Wassers und Laichgelegenheiten als die maßgebenden Faktoren anzusehen sind. Hierher gehören z. B. von Süßwasser= fischen die Forelle und von Seefischen die Flunder, die zwar Hunderte von Kilometern weit reist, nicht aber aus der Nordsee in die Ostsee zieht oder umgekehrt. Während man früher sich um die Fisch= wanderungen wenig gekümmert hat, ist ihnen in neuerer Zeit eine sehr eingehende und sorgfältige Beachtung zugewendet worden, und zwar nicht nur aus rein wissenschaftlichen, sondern namentlich auch aus praktischen und volkswirtschaftlichen Gründen. Nirgends und zu keiner Zeit drängen sich ja die Fische in solchen Massen zusammen wie auf ihren Wanderungen von und zu den Laichplätzen, und niemals sind sie so mühelos und in so lohnender Menge zu fangen wie bei solchen Gelegenheiten. Mit Sehnsucht warten ganze Dörfer und Städte auf das seit Jahrhunderten gewohnte Erscheinen der riesigen Fischheere, die reichen Verdienst mit sich bringen, und die Trauer und die Enttäuschung sind groß, wenn die geschuppten Geschwader einmal aus irgendwelchen Gründen ausbleiben, denn das bedeutet Elend und Verarmung. Da aber plötzliche Verlegungen der altbekannten Heeresstraßen gerade in den letzten Jahrzehnten öfters vorgekommen sind und dadurch mehrfach wirtschaftliche Katastrophen hervorgerufen wurden, während andrerseits unvermutet unendliche Fischzüge an ungewohnten Plätzen erschienen, wo sie nicht genügend verwertet werden konnten, und oft genug als Dung auf die Felder gefahren werden mußten, so liegt es auf der Hand, welch hohe praktische Bedeutung der Erforschung solcher Erscheinungen und dem Studium der Fischwanderungen überhaupt zukommt. So ist es zunächst sehr wichtig, zu wissen, was wohl die Fische auf ihren Wanderungen leitet. Da man in wissenschaftlichen Kreisen dem „stumpfsinnigen" Fisch irgendwelche an geistige Fähigkeiten anstreifende Handlungsweise nicht zutraute, so sollte auch die Wanderung ein rein reflektorischer Vorgang sein, der natürlich durch gewisse Reize ausgelöst werden mußte. Man dachte da namentlich an die sogenannte Phototaxis, d. h. an das Reagieren des Organismus gegen veränderte Belichtungs= und Bestrahlungsverhältnisse. Nun hat aber jüngst erst Franz in einer Reihe sehr eingehender Studien nachgewiesen, daß die durch gekünstelte Experimente gewonnene Vorstellung von der Phototaxis lediglich ein reiner Laboratoriumsbegriff ist, wenigstens soweit die Fische in Betracht kommen. Sie ist in Wirklichkeit nichts als ein unter ungünstigen Daseinsveränderungen und insbesondere bei anscheinender Gefahr ausgelöster Fluchtreflex, der bei Oberflächenfischen sich als „positiv", bei Grundfischen dagegen als „negativ" erweisen wird, da diese bei Bedrohung ja instinktmäßig ins Dunkel flüchten. Will man von dem durch den Wechsel zwischen Tag und Nacht bedingten Aufsteigen und Niedersinken gewisser Meeresfische und ihrer Larven absehen, so gibt es eine Phototaxis bei erwachsenen Fischen in freier Natur überhaupt nicht, bei ihren Larven nur in ganz beschränktem, kaum angedeutetem Umfang. Deshalb kann die Phototaxis auch auf die Wanderungen der Fische nicht den allergeringsten Einfluß ausüben, sondern es müssen andere Faktoren zu ihrer Erklärung herangezogen werden. Einen solchen glaubt Franz zunächst einmal in dem Ortssinn und in dem Ortsgedächtnis der Fische gefunden zu haben, die er sorgsam auf ihre Leistungsfähigkeit hin geprüft und weit höher entwickelt gefunden hat, als sich dies unsere Schulweisheit bisher träumen ließ. Danach scheinen doch auch schon die Fische teilweise wenigstens keine absoluten Reflexmaschinen mehr zu sein, vielmehr bei ihnen schon wenigstens schüchterne Ansätze sich geltend zu machen zum Verwerten erlebter Erfahrungen und zum Verknüpfen von Assoziationen, so sehr man sich andrerseits vor Vermenschlichungen bei dieser immerhin tiefstehenden Tierklasse hüten muß, deren Lebensäußerungen zumeist durch mehr oder minder verwickelte und sich kreuzende Instinkte und Reflexe unschwer sich werden erklären lassen. Wie immer dem sei, jedenfalls beweisen schon die einfachsten Experimente, daß die Fische tatsächlich einigermaßen gemachte Erfahrungen zu ihrem Besten zu verwerten wissen. So stutzten Barsche, denen man als Futterfische Sardinen gab, als man einige derselben rot färbte, machten aber schließlich einen Versuch und verzehrten dann gefärbte und ungefärbte ohne Unterschied. Ähnlich ging es, als man noch einige blau gefärbte Sardinen dazu setzte. Als dann aber kleine Stücke von Seenesseln an den blauen Sardinen befestigt wurden und die Barsche sich beim Zugreifen tüchtig stachen, fuhren sie erschrocken zurück und mieden von da ab die blauen Sardinen. Freilich hielt in diesem Falle ihr Gedächtnis nur bis zum nächsten Tage vor; dann scheinen aber die Barsche besonders vergeßliche Bursche zu sein, denn vom Karpfen ist nachgewiesen, daß er mindestens vier Monate lang für Örtlichkeitsverhältnisse Gedächtnis hat, und bei anderen Fischen verhält es sich ähnlich. Dieser Auffassung steht nun allerdings die Tatsache entgegen, daß geangelte und dabei entkommene oder wieder ausgesetzte Fische oft schon nach kurzer Zeit sich zum zweiten oder dritten Male fangen lassen, also die gemachte böse Erfahrung anscheinend sehr rasch vergessen haben. Hierbei ist aber zu berücksichtigen, daß einerseits die dem Fische beim Angeln zugefügte Schmerzempfindung aller Wahrscheinlichkeit nach eine nach menschlichem Maßstabe überraschend geringe, und daß andrerseits der Zuschnappreflex, wenn der Ausdruck statthaft ist, ein sehr stark entwickelter ist und eben in solchen Fällen den Sieg über die geringe Lernfähigkeit davonträgt. Edinger kommt auf Grund umfassender Untersuchungen geradezu zu dem Schlusse, daß der Fisch nicht zubeißt, weil er zubeißen will, sondern weil er zubeißen muß. Er schaltet also einen selbständigen Willen des Tieres dabei vollständig aus, und die praktischen Erfahrungen der Angler, die in England das Sprichwort haben „Wenn du der Forelle die rechte Fliege zur rechten Zeit gibst, fängst du sie

ſicher", ſcheinen ihm darin nicht unrecht zu geben. Edinger glaubt
demnach, daß infolge ſich gegenſeitig auslöſender Reflexe ein hun-
griger Fiſch unter beſtimmten Umſtänden anbeißen muß, wenn die
Nahrung ihm genau in der Weiſe zukommt, wie die naturgemäße,
und ſtörende Nebenumſtände (Sichtbarkeit der Schnur, Schatten des
Anglers uſw.) vermieden werden. Die ganze Geſchicklichkeit des
Anglers beſtehe deshalb lediglich darin, dieſen richtigen Augenblick
ausfindig zu machen. Übrigens gehen intelligentere Fiſche wie der
Schill doch nicht leicht zum zweiten Male an die Angel, wenn ſie
ſchwer gereizt wurden. Wenn nun auch die Lernfähigkeit der Fiſche
jedenfalls nur eine geringe iſt, ſo iſt das Ortsgedächtnis doch in nicht
unerheblichem, wenn auch ſehr verſchieden hohem Grade vorhanden, und am beſten iſt es jedenfalls bei den Wanderfiſchen entwickelt. So hat man feſtgeſtellt, daß zwar Stichlinge ihr Neſt nur
auf 10 m Entfernung wieder fanden, Forellen dagegen trotz zwiſchen-
gelegter Hinderniſſe aus 6 km Entfernung zu ihrem Standplatze
zurückfanden. Ein derart gutes Ortsgedächtnis muß den Fiſchen
natürlich auch auf ihren Wanderungen in hohem Maße zuſtatten
kommen, und man könnte ſich auch recht wohl vorſtellen, daß die
Kenntnis beſtimmter Heeresſtraßen ſich ähnlich wie bei den Vögeln
durch Tauſende von Generationen vererbt habe, dadurch fixiert und
zu einem bloßen Inſtinkt geworden ſei. Aber dann hat ja der Fiſch
auch noch eine Seitenlinie, die ihn ſo genau über den jeweiligen
Verlauf der Strömung unterrichtet, und es muß deshalb für ihn
eine Kleinigkeit ſein, ſich in Strömen oder Flüſſen zurechtzufinden,
ſei es nun, daß er abwärts ins Meer oder aufwärts ins Quellgebiet
zu gelangen wünſcht. Dieſe Faktoren reichen alſo wohl aus, um reine
Süßwaſſerwanderungen zu erklären, aber ganz anders und viel
geheimnisvoller geſtaltet ſich das Bild, wenn wir etwa an die Einwanderung der jungen Aale aus dem Meere in die Ströme denken.
Man denke ſich dieſe Fiſchchen, die noch nie eine Reiſe gemacht
haben, in der unendlich einförmigen, in ewige Finſternis gehüllten
Waſſermaſſe, wo das Fiſchauge keine feſten Anhaltspunkte gewinnen
kann, ſondern eine unbeſtimmte nebelige Ferne vor ſich hat. Hier
kann natürlich von irgendwelchem Ortsgedächtnis keine Rede ſein.
Franz iſt der Meinung, daß es der abweichende Salzgehalt der verſchiedenen Waſſerſchichten und Meeresteile iſt, der den Tieren als
Führer aus dieſer Wüſtenei dient. Waſſerſchichten verſchiedenen

Salzgehalts zeigen ja auch abweichende Temperaturen, und diese
wiederum zeitigen Strömungserscheinungen. Freilich werden solche
ganz gering sein und erst nach Zurücklegung weiterer Strecken sich
deutlich bemerkbar machen, aber es ist wohl mit Recht anzunehmen,
daß die gesteigerte nervöse Erregbarkeit der Fische zur Brunst= oder
Wanderungszeit auch die Feinfühligkeit ihrer Sinnesorgane und
namentlich der Seitenlinie erhöht. Und so ließe sich auch hier schließ=
lich folgern, daß die Wanderung der Meeresfische mehr eine Art
Zwangsbewegung darstellt. Vielleicht bringen die Markierungsver=
suche, die seit einigen Jahren von zahlreichen biologischen Stationen
gemacht werden, allmählich mehr Licht in diese einstweilen noch
ziemlich dunkle Seite des Fischlebens.

Betrachten wir nun zunächst einmal als Beispiel für die erst=
erwähnte Art der Wanderung den A a l (Anguilla vulgáris), bei
dem ja gerade seine ausgedehnten Reisen sein ganzes Leben mit
einem schier undurchdringlichen Schleier des Rätselhaften und Ge=
heimnisvollen umhüllt haben, den zu lüften emsiger Forschung erst
in jüngster Zeit gelungen ist. Fortpflanzung und Wanderung sind
hier nicht nur in der innigsten, sondern auch in der seltsamsten
Weise miteinander verknüpft. Lange tappte man diesbezüglich im
dunkeln und erzählte sich mehr oder minder unsinnige Märchen nach,
und daß die Forschung das große Aalproblem jetzt in seinen Haupt=
zügen, wenn freilich auch noch lange nicht erschöpfend gelöst hat, darf
als einer der glänzendsten Triumphe der biologischen Wissenschaft
angesehen werden. Viel hat zu der jahrhundertelangen Verwirrung
der Umstand beigetragen, daß es lange nicht gelingen wollte, Ge=
schlechtsorgane bei unseren Süßwasseraalen aufzufinden, so unzählige
man auch dieserhalb untersuchte. Da kann es nicht Wunder nehmen,
daß das uralte Märchen von der Urzeugung gerade beim Aal über=
raschend lange in Geltung blieb, um später durch die ebenso falsche
Auffassung abgelöst zu werden, daß der Aal lebendige Junge gebäre.
Wahrscheinlich wurde sie hervorgerufen durch die Auffindung von
massenhaft im Leibe des Aals schmarotzenden Spulwürmern (As-
caris), die bei oberflächlicher Betrachtung wohl als Jungaale gelten
konnten. Noch in den 70er Jahren ist ein strebsamer Naturgeschichts=
professor auf eine ihm von einem Fischer gebrachte „Aalmutter"
hereingefallen (es ist dies ein ganz anderer Fisch, Zoárces vivípara,
der schon seit Jahrhunderten als lebendig gebärend bekannt ist) und

hat einen sehr langen, sehr gelehrten und schön illustrierten Aufsatz darüber in der „Gartenlaube" veröffentlicht, um dadurch das Lebend= gebären beim Aale zu beweisen. Auch über einen vermutlichen Gene= rationswechsel bei diesem merkwürdigen Fische hat man viel gefabelt. In Wirklichkeit verhält sich aber die Sache so, daß alle in unseren Süßwassern lebenden Aale überhaupt noch nicht geschlechtsreif sind. Denn als man endlich mit Hilfe der gesteigerten Mikroskoptechnik die Geschlechtsorgane auffand, die in Fettmassen verborgen liegen, da stellte es sich heraus, daß sie noch völlig unentwickelt waren. Hatten doch die Eier in den weiblichen Geschlechtsteilen kaum einen Durchmesser von 0,1 mm, waren also mit bloßem Auge gar nicht sichtbar. Da man schon längst wußte, daß ein Teil unserer Aale im Herbst ins Meer wandert, lag die Folgerung nahe, daß die Tiere erst dort ihre volle Geschlechtsreife erlangen und zum Laichen schrei= ten. Von da an befand sich die Forschung auf dem richtigen Weg, und es ist namentlich das Verdienst des Italieners Grassi und des Dänen Schmidt, daß heute das Aalproblem den Nimbus des Un= erklärlichen verloren hat. Weitere Untersuchungen haben gezeigt, daß fast alle die großen Aale unserer Binnengewässer Weibchen, also Aaljungfern sind und sich durch silbergrauen Bauch auszeichnen, während die viel kleineren, gelb= oder braunbäuchigen Aale an den Strommündungen und Haffen fast nur aus Männchen bestehen. Im Alter von 3—7 Jahren — je nach dem Ernährungszustand — wird die Aaljungfrau, deren ganzes Dasein bis dahin lediglich aus Fressen und Schlafen bestand, von einer unüberwindlichen Sehnsucht nach dem fernen Meere gepackt, in dessen tiefsten Gründen einst ihre Kinderwiege stand. Sie begibt sich auf die Reise und findet unter= wegs eine sich ständig vermehrende Zahl von Gefährtinnen, die die gleiche Sehnsucht vorwärts treibt. Die Wanderung vollzieht sich namentlich in recht dunklen, stürmischen und unfreundlichen Nächten, in denen etwa je 15 km zurückgelegt werden, wird aber öfters durch Rast= und Erholungstage unterbrochen, so daß es geraume Zeit dauert, bis man am Ziele angelangt ist. Unzählige gehen unterwegs an der Tücke des Menschen oder an anderen Unbilden zugrunde, aber dafür treffen die Überlebenden in den Strommündungen mit den Männchen zusammen, so daß nun beide Geschlechter in traulichem Verein die Reise fortsetzen können, die noch gar weit ins Innere des Weltenmeeres hineinführt. Inzwischen haben die Eierchen, deren jedes Weibchen 1—1¹⁄₂ Millionen bergen soll, schon um das 2 bis 2¹⁄₂ fache an Größe zugenommen, aber erst durch die Berührung mit dem fruchtbringenden Meer entwickeln sich nun beider Geschlechter Organe zu derjenigen Vollkommenheit, die zur Ausübung des Laichaktes notwendig ist. Gleichzeitig wird der Aal zum Tiefseefisch, von Farbe dunkler und metallglänzend, mit spitzerem Kopf und weit größeren, 1 cm im Durchmesser haltenden Augen. An

Aal. (Nach einer Aufnahme von Jacques Boyer.)

seine Laichplätze stellt er ganz besondere, sehr spezifizierte Forderungen. Sie sollen in ungefähr 1000 m Meerestiefe liegen, einen Salzgehalt von 3,52 Proz. und eine Durchschnittstemperatur von etwa 9° haben, was bei solch erheblicher Meerestiefe von vornherein nur in der Nähe des wärmenden Golfstroms möglich ist. Der Aal findet derartige Plätze erst weit draußen im offenen Atlantik, in einem halbmondförmigen Gebiet, das sich von den Faröern zur Küste Spaniens erstreckt. Hier wird also Hochzeit gefeiert in für das menschliche Auge undurchdringlichen Tiefen: die Binnengewässer sind des jungen Aales Tummelplaß, die Meerfahrt ist seine Brautfahrt, die Tiefe des Atlantik sein Hochzeitsbette und wahrscheinlich auch sein Grab. Wenigstens hat man keinen der so stürmisch zu den Freuden der Minne nach dem Meere strebenden Aale jemals wieder in die Ströme zurückkehren sehen. Vielleicht führen sie nach der Laichzeit noch ein unbeachtetes Dasein im grenzenlosen Ozean, wahrscheinlicher aber gehören sie zum Stamme jener Asra, „die da sterben, wenn sie lieben," ähnlich wie die Neunaugen, deren Lebenslauf ja überhaupt manche Ähnlichkeit mit dem des Aales aufweist. Ihr Dasein hat ja auch keinen rechten Zweck mehr, denn für die Erhaltung ihrer Art haben sie überreichlich gesorgt. Die Myriaden kleiner Krebstierchen in der Tiefsee werden sich gierig über die Leichname herstürzen und diese nicht nur gründlich, sondern auch so rasch vertilgen, daß sie erst gar keine Zeit haben, durch Leichengase aufzuschwellen und an die Oberfläche emporzukommen. Da sich also die wichtigsten Lebensvorgänge des Aales im Meere abspielen, muß er unbedingt als ein Meeresfisch bezeichnet werden, der erst in zweiter Linie und nebenbei auch zum Süßwasserbewohner geworden ist. Beim Lachs verhält es sich gerade umgekehrt. Auch die abgelegten, auffällig kleinen Eier bleiben in der Tiefe, da ihnen ein flottierendes Element in Gestalt von beigegebenen Öltröpfchen, wie es viele andre Fischeier haben, fehlt, und dies ist ein Grund mehr dafür, daß sie so schwer und so selten aufgefunden werden. Ihnen entschlüpfen nun aber keineswegs fertige Jungaale, sondern gar seltsame Wesen, die eine Larvenform darstellen und wenigstens äußerlich so stark vom Aaltypus abweichen, daß man sie früher unter dem Namen Leptocéphalus breviróstris als eine eigene Art beschrieb, ohne ihren nahen Zusammenhang mit der heiß umstrittenen Fortpflanzungsgeschichte des Aales zu ahnen. Diese Wesen sind 6—8 cm lang, haben die flache Form eines Weidenblatts, dazu einen winzigen Kopf und eine kleine Schwanzflosse und bestehen im übrigen fast ganz aus mächtigen Muskelzügen. Ihr Blut ist farblos, das ganze Geschöpf wasserhell und durchsichtig wie Glas, so daß man durch seinen Leib hindurch sogar lesen kann. Die Tierchen kommen später bei Nacht an die Oberfläche des Meeres, während sie sich bei Tage in Tiefen von 100—150 m aufhalten. Allmählich wandeln sie sich zum Aal, wobei verschiedene Zwischenstadien durchlaufen werden. Der Leib wird dicker und runder, die Flossen bilden sich aus, und schließlich

ift ein Geschöpf von echtem Aaltypus fertig, das aber etwas kürzer
erscheint als die Larve (da diese zuletzt keine Nahrung zu sich nimmt)
und zunächst auch noch glashell ist. Diese „Glasaale" begeben sich
nun auf die Wanderschaft und suchen in dicht gedrängten Zügen
Strommündungen zu erreichen. Zu Milliarden finden sie sich an
geeigneten Plätzen ein, eine Erscheinung, die die Franzosen als
„montée", die Italiener als „montada" bezeichnen. Der Briftol-
kanal, der Ärmelkanal und der Busen von Biskaya sind ihre bevor-
zugten Einfallspforten. Wie riesenhafte Schlangen von 1—3 m

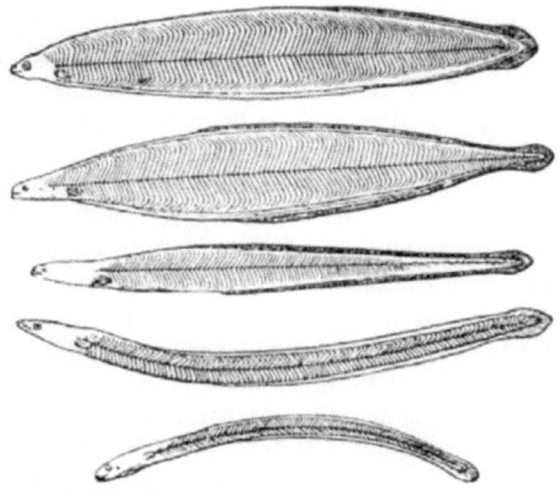

Die Entwicklung des Aales. (Nach Graffi u. Calandruccio.)

Breite und entsprechender Dicke wälzen sich diese Züge dicht an den
Ufern der Ströme entlang, getreulich alle Windungen und Krüm-
mungen des Flußbettes mitmachend. Hier machen sie zum ersten
Male unwillkommene Bekanntschaft mit dem Menschen, der nur mit
dem Kätscher aus diesem lebenden Strome zu schöpfen braucht, um
Millionen junger Fischleben zu vernichten und sich selbst einen flüch-
tigen Gaumenkitzel zu bereiten, indem er die zarten Dinger mit
Eiern zu recht wohlschmeckenden Omeletten verbäckt. Von der fabelhaften Menge, in der die Glasaale bei solchen Gelegenheiten auftreten, kann man sich einen ungefähren Begriff machen, wenn man
hört, daß z. B. im Severnfluß pro Fischer und Nacht nicht selten

500 Pfund und mehr gefangen werden, wobei man etwa 1000 Jung=
aale auf das Pfund rechnen kann. Die Tierchen haben sich während
der langen Reise auch schon etwas weiter entwickelt und sind jetzt
namentlich stärker pigmentiert, und bald nach dem Eintritt in die
Flüsse schwindet die Glasfarbe ganz. Der Entwicklungszustand, in
dem die ihren Namen jetzt kaum noch verdienenden Glasaale in die
Flüsse eintreten, ist naturgemäß ein sehr verschiedener, je nach der
Entfernung, die sie vom Geburtsplatze aus bis dahin zurücklegen
mußten und je nach der darüber vergangenen Zeit. Die zur Ostsee
und deren Zuflüssen wandernden Jungaale sind naturgemäß schon
sehr viel weiter in ihrer Entwicklung vorgeschritten. Meist treffen
die Jungaale im Frühjahr an den Küsten ein, nachdem ihre Ver=
wandlung aus dem Leptocéphalus zum Glasaal etwa ein Jahr bean=
sprucht hat. Die große Mehrzahl der Männchen bleibt in den Brack=
wässern und Strommündungen zurück, während die Weibchen weiter
ziehen. Vielleicht verhält sich die Sache aber auch so, daß die Geschlechter
bei den Glasaalen überhaupt noch nicht differenziert sind, sondern sich
erst infolge der verschiedenen Ernährungsverhältnisse später heraus=
bilden, wonach also die größeren Weibchen auf bessere Nahrungsver=
hältnisse hindeuten würden. In den Flüssen strebt die ganze Masse ge=
schlossen vorwärts, aber bei jedem einmündenden Nebengewässer zweigt
sich ein Teil ab, so daß die Hauptschar immer geringer wird und schließ=
lich das ganze Heer sich verteilt wie der Blutstrom in den Adern
eines Körpers. Entgegenstehende Hindernisse in Form von Wasser=
fällen oder Wehren überwinden die kaum bindfadendicken, schwäch=
lichen Fischchen mit staunenswerter Rücksichtslosigkeit und Tatkraft.
Mögen Tausende und Zehntausende dabei zugrunde gehen — ihre
feuchten und schlüpfrigen Leiber bilden dafür die Brücke, die den
andern den Übergang ermöglicht. Selbst der gewaltige Rheinfall
von Schaffhausen, den die muskelstarken Lachse nicht zu nehmen
vermögen, wird von diesen zähen Fischchen überwunden, und so
erklärt es sich, daß auch im Bodensee Aale vorkommen. Da
die Anwohner der Flüsse und Binnenseen die Einwanderung der
geschätzten Fische natürlich sehr gern sehen, bemüht man sich viel=
fach, den Aalen entgegenzukommen und ihnen den Aufstieg über
schwer zu überwindende Hindernisse zu erleichtern, indem man so=
genannte Aalleitern anbringt. Es sind dies im Zickzack verlaufende,
feucht zu haltende Holzrinnen, die durch Moos= oder Sandbelag

halt gewähren, oft auch mit Rippen und Querwänden versehen
sind. Auf diese Weise hat man es den Aalen z. B. neuerdings mög=
lich gemacht, die großen schwedischen Gewässer oberhalb der Troll=
hättafälle zu besiedeln, über die sie früher nicht hinwegzukommen
vermochten. In besonders raffinierter und geschickter Weise aber
haben schon seit alten Zeiten italienische Fischer in dem im südlichen
Podelta gelegenen Lagunenstädtchen Comacchio die eigenartige
Naturgeschichte des Aales praktisch zu nutzen verstanden, sozusagen
instinktiv, ohne doch jene zu kennen. Man hat dort in den aus=
gedehnten Lagunen ein großartiges System von Schleusen und
Kanälen angelegt, derart, daß die eintretende „montada" durch
Beeinflussung mit Licht usw. in die Becken gelockt wird, worauf
man den Rückweg absperrt. Die jungen Aale entwickeln sich nun
unter sorgfältiger Hege während der nächsten Jahre, aber wenn sie
dann der Wandertrieb ergreift und sie zum Meere herabziehen
wollen, geraten sie in die Sammelbecken, wo sie herausgenommen
und geschlachtet werden. 500 Beamte beansprucht die Verwaltung
dieses berühmten Aalstaates von Comacchio, liefert dafür aber auch
jahraus jahrein durchschnittlich 5 Millionen Pfund vorzüglichsten Aal=
fleisches. Nicht nur die italienischen Großstädte werden von hier
aus versorgt, sondern ein guter Teil der gefangenen Aale wandert
sogar in die Räuchereien Norddeutschlands. Denn hier wird der
schmackhafte Fisch leider immer seltener, besonders im Ostseegebiet,
was ja erklärlich erscheint, wenn man berücksichtigt, welch unzählige
Fährlichkeiten die vielverfolgten Aale auf den weiten Reisen von
und nach den entlegenen Brutplätzen zu bestehen haben. Überdies
ist man gerade in Westpreußen vielfach so töricht gewesen, die Ab=
flüsse der Seen durch Dämme zu sperren und so den Aalen die Rück=
wanderung unmöglich zu machen, und sie sind dann dort natürlich
ausgestorben. Unter diesen Umständen ist es mit großer Freude
zu begrüßen, daß die preußische Regierung neuerdings Millionen
von Glasaalen aus dem Bristolkanal lebend nach norddeutschen
Gewässern überführen ließ, wobei freilich anfangs tüchtig Lehrgeld
gezählt werden mußte. Nach all dem Gesagten ist es wohl klar, daß
eingeborene Aale nur in solchen Gewässern vorkommen können, die
in einer wenn auch noch so weitläufigen und verzweigten Verbindung
mit dem Meere stehen. Der oft gehörte Einwand, daß auch in völlig
abgeschlossenen Teichen Aale gefunden wurden, läßt sich leicht ent=

kräften durch die Erfahrungstatsache, daß häufig junge Fischchen durch Wasservögel im Gefieder oder an den Rudern in fremde Gewässer verschleppt werden. Sie müssen dort aber ebenso wie künstlicher Einsatz wieder aussterben, falls nicht rechtzeitig für frische Zufuhr gesorgt wird. Die in solchen Gewässern eingesperrten oder auf der Reise verirrten Aale werden schließlich zu alten Jungfern mit verkümmerten Geschlechtsorganen, erreichen dafür aber eine riesenhafte Größe und ein Gewicht von 15 und mehr Kilogramm, während es sonst bei ³/₄—1¹/₂ m Körperlänge nicht leicht über 5 kg beträgt und die Männchen kaum länger als 45 cm werden, also für Küchenzwecke wenig in Betracht kommen. Das weiße Fleisch des Aals ist zwar nicht leicht verdaulich, aber sehr fett und äußerst wohlschmeckend, und wird sowohl in frischem Zustande wie geräuchert oder mariniert allenthalben hoch geschätzt. An seinen Wohnplätzen im Binnenlande führt der Aal ein recht beschauliches Leben und nimmt bei seiner Gefräßigkeit rasch zu. Am liebsten sind ihm etwas tiefere Gewässer mit weichem Untergrund, in den er sich bei Tage tief einwühlt. Doch kommt er auch an allen möglichen anderen Örtlichkeiten vor. So fand ich ihn auf Teneriffa in ganz kleinen Rinnsalen zwischen felsigem Gestein, wo man ihn mit der Hand greifen konnte, nachdem der Hund sein Versteck gemeldet hatte. Auch am Bristolkanal jagt man bei Ebbe die im Meeresschlick zurückbleibenden Aale mit Hilfe von besonders darauf dressierten Terriers. Bei uns ist die üblichste und ergiebigste Fangart für Aale diejenige mit Reusen. Der Aal ist ein ausgesprochenes Nachttier, verläßt also erst mit Einbruch der Dunkelheit seinen Schlupfwinkel, um Nahrung aufzusuchen. Wegen seines kleinen Maules kann er zwar große Bissen nicht bewältigen, hält sich aber dafür durch die Menge des Verzehrten schadlos. Auf Fischlaich ist er sehr erpicht und pfropft sich damit, wenn er ihn haben kann, bis zum Platzen voll, ist deshalb in Zuchtteichen ein sehr ungern gesehener Gast. Ebenso haben die frisch gehäuteten, also weichen Krebse in ihm einen bösen Feind, und er vermag die schmackhaften Kruster durch fortgesetzte Verfolgung noch gründlicher auszurotten als die gefürchtete Krebspest, zumal er sich mit seinem geschmeidigen Schlangenleib durch unglaublich enge Spalten und Ritzen hindurchzuzwängen, ja gewissermaßen hindurchzubohren vermag. Seine ungemein schlüpfrige und schleimige Haut, in der die kleinen Schuppen ganz versteckt fitzen, und die ihm bei Gefahr manchmal das Leben retten mag, kommt ihm dabei auch fehr zuftatten. Daß er eine erftaunliche Lebenszähigkeit befitzt, hat wohl fchon jede Köchin zu ihrem Leidwefen erfahren. Recht gern geht er auch an Aas. Immer und immer wieder lieft oder hört man, daß die Aale in feuchten Nächten Spaziergänge auf die den Teichen benachbarten Felder unternehmen follen, um fich an den Erbfen gütlich zu tun. Die moderne Wiffenfchaft erklärt das kurzweg für ein Märchen, aber es ift infofern etwas Richtiges daran, als der Aal in der Tat infolge befonderer Schutzvorrichtungen an den Kiemen (fie ftehen nur durch 1—2 fchmale Seitenfpalten mit der Außenwelt in Verbindung, find alfo nicht fo leicht dem Austrocknen preisgegeben) ziemlich lange außerhalb des Waffers auszuhalten vermag, und diefes auch manchmal freiwillig verläßt, wenn ihm der Aufenthalt in dem feuchten Elemente aus irgendwelchen Gründen ungemütlich wird. Dies ift z. B. bei elektrifchen Entladungen der Fall, gegen die alle niedrig ftehenden Fifche eine außerordentlich große Empfindlichkeit an den Tag legen. Merkwürdig ift weiter die große Lichtfcheu des Aales. Durch grelle Beleuchtung kann man ihn an jeden beliebigen Platz fcheuchen, und hierauf beruht auch der Vorfchlag des genannten dänifchen Forfchers Schmidt, alle zum Meer wandernden Aale in den Oftfeeländern mit Hilfe von Scheinwerfern abzufangen und dafür alljährlich frifche Glasaale einzufetzen, ein Vorfchlag, der glücklicherweife felbft der beteiligten Fifchereibevölkerung zu radikal erfchienen ift. Intereffant wie alles am Aale ift endlich auch noch feine Verbreitung. Sie ift eine fehr große, aber in allen zum Kafpi oder zum Schwarzen Meere abwälzenden Stromfyftemen (Donau!) fehlt er völlig. Es ift das auch ohne weiteres erklärlich, da der ifolierte Kafpi viel zu feicht ift, als daß er den Aalen geeignete Laichplätze bieten könnte, und da das Schwarze Meer fchon in einer Tiefe von 2—300 m derart mit Schwefelwafferftoffgas gefättigt ift, daß die Larven darin gar nicht zu leben vermöchten. Allerdings hat man Jungaale mit Erfolg in der Donau eingebürgert, und es mögen auch einige durch die künftlichen Wafferftraßen vom Maingebiet her einwandern oder vom Mittelländifchen Meere aus durch den Bosporus in die Donaumündung gelangen.

Ein gutes Gegenftück zum Aale in bezug auf Wanderung und Laichgefchäft ift der gleichfalls fo hoch gefchätzte L a ch s (Sálmo sálar).

Wenn im zeitigen Frühjahr unsere Küsten eisfrei werden, erscheinen
daselbst aus tieferen und mehr nördlich gelegenen Meeresteilen fort-
pflanzungsfähige Lachse in Trupps zu 30—40 und halten sich zunächst noch längere Zeit an den Strommündungen und in den Haffen,
überhaupt möglichst im Brackwasser auf, um sich an den Übergang
aus dem Salz- ins Süßwasser allmählich zu gewöhnen, da ein zu
plötzlicher Wechsel ihrem Organismus nicht zuträglich ist, vielmehr
oft ihren Tod zur Folge hat, wie auch durch Versuche nachgewiesen
wurde. Nach dieser Übergangszeit aber steigen sie in den Flüssen
selbst aufwärts als wohlgenährte, kraftstrotzende und lebensfrohe
Tiere mit schiefergrauem Rücken, silberigen Seiten und weiß schim-
merndem Bauch. In diesem Zustande heißen sie bei den Fischern Salme
und werden besonders geschätzt, deshalb auch eifrig weggefangen.
Manche bleiben auch ein ganzes Jahr im unteren Teil der Ströme,
überspringen also eine Laichperiode und bekommen dann als sogenannte Winterlachse ein besonders zartes, schön rot gefärbtes
Fleisch. Die große Mehrzahl aber wandert gleich weiter und legt
nun unterwegs das Hochzeitskleid an, das bei ganz alten Milchnern
in den herrlichsten Farben prangt: der Rücken wird tief schwarz
mit Sammetglanz, die Flanken erscheinen übersät mit lose hinge-
tupften, brennendroten, bisweilen zu Zickzacklinien verfließenden
Flecken, der Bauch prangt in lebhaftem Orangerot, über die Seiten
huschen grünliche Lichter, und die Flossen werden teilweise wunderbar chromgelb. Übrigens ändert die Gesamtfärbung bei allen lachsartigen Fischen ganz außerordentlich ab, wodurch ihre genaue
Beschreibung sehr erschwert wird und dem Systematiker viele Ver-
drießlichkeiten erwachsen, zumal auch schon in freier Natur zahlreiche
Verbastardierungen vorkommen, so daß bezüglich einer strengen
Scheidung der einzelnen Arten auch heute noch vielfach Unklarheiten
herrschen. Alter, Geschlecht, Jahreszeit, Ernährungsverhältnisse,
Klima, Beschaffenheit des Wassers und des Untergrundes scheinen
die dabei maßgebenden Faktoren zu sein. Selbst Skelett, Flossenstrahlen und Bezahnung, also Körperteile, die bei anderen Fischen
als unverrückbar feststehend gelten, und deshalb sichere Artkenn-
zeichen abgeben, sind mannigfachen Veränderungen unterworfen.
Gleichzeitig mit dem Auftreten der prangenden Hochzeitsfarben ver-
dickt sich beim männlichen Lachse die Oberkopf- und Nackenhaut
schwartenartig, so daß die kleinen Schuppen völlig darin verschwin-

den, die Schnauze streckt sich, und der Unterkiefer wächst sich zu einem eberzahnartig nach oben gebogenen Haken aus, der 6 cm lang werden und dann das Schließen des Maules unmöglich machen kann. (Hakenlachs). Die bedeutsamsten Veränderungen gehen aber im Inneren des Körpers selbst vor, indem nach und nach die Geschlechts= organe zu einer fabelhaften Mächtigkeit entwickelt werden. Machten sie vorher nur $\frac{1}{2}$ Proz. des Körpergewichtes aus, so jetzt 25 Proz. und mehr! Diese einseitige Bereicherung erfolgt ganz auf Kosten der feisten Rumpf= und namentlich Seitenmuskulatur, die förm= lich zusammenschrumpft, und so wird aus dem wohlgenährten Salm

Kopf eines Rheinlachses mit schwach ausgebildeten Haken. (Naturaufnahme von Dr. E. Bade.)

in kurzer Zeit ein zwar bunter, aber klapperdürrer Geselle. Während bisher die Reise nur langsam und zögernd, im gemächlichen Bum= meltempo vor sich ging, ergreift nun die von reifen Geschlechtspro= dukten strotzenden Fische ein schier unbändiger Wandertrieb, der sie alle Hindernisse überwinden und rücksichtslos das Leben aufs Spiel setzen läßt, um das Ziel ihrer Sehnsucht baldmöglichst zu errei= chen. Zur leichteren Überwindung des Wasserwiderstandes ordnen sie sich wie Kraniche oder Wildgänse zu keilförmigem Zuge, wobei das älteste und stärkste Exemplar die Spitze nimmt. Stellt sich ein Wehr oder Wasserfall entgegen, so schwimmen die Fische bis unmittel= bar an seinen Fuß heran, stützen sich mit der Schwanzflosse auf einen Stein und schnellen sich dann durch einen gewaltigen Muskeldruck

mit halbmondförmig gekrümmtem Körper aus dem Wasser heraus
und über das Hindernis hinweg, wobei sie Sprünge von 3—4 m
Höhe und 5—6 m Weite im Bogen vollführen. Mißlingt der erste,
so wird er unzählige Male wiederholt, bis das Wagnis endlich doch
glückt oder der Lachs mit zerschundenem Leibe sterbend auf dem
trockenen Felsen liegt. Nur sehr bedeutende Wasserfälle, wie der
Schaffhausener, können vom Lachse nicht überwunden werden, der
deshalb auch dem Bodensee fehlt. Das Allermerkwürdigste bei dieser
harten und entbehrungsreichen Brautfahrt ist aber der Umstand,
daß die Lachse während ihrer ganzen, sich über 4—6, ja selbst 10—12
Monate erstreckenden Dauer anscheinend keinerlei Nahrung zu sich
nehmen, sich also förmlich als Hungerkünstler produzieren. Wenig=
stens hat man in ihrem Leibe noch niemals Nahrungsreste irgend=
welcher Art gefunden, vielmehr die Beobachtung gemacht, daß Magen
und Darm eintrocknen, keine Ausscheidungen mehr liefern und selbst
das Gebiß durch Nichtgebrauch verkümmert. Und daß Lachse tat=
sächlich ein volles Jahr zu fasten vermögen, beweist ein von Paton
12 Monate lang gefangen gehaltenes, nur 5pfündiges Exemplar,
das in dieser Zeit niemals gefüttert, wohl aber zweimal zum Be=
fruchten von Rogen abgestrichen wurde. Unser Wanderfisch ohne=
gleichen, der sich allen Hindernissen zum Trotz im Kampf gegen
Wehre, Schleusen und Stromschnellen den Weg vom Meer zum Fels
bahnt, ist also auch ein Hungerkünstler, der Succi und Genossen
weit übertrifft. Es handelt sich hier um eines der größten und
interessantesten Fastenexperimente, das die Physiologie kennt. Bis
in die kleinsten Gebirgsbäche hinauf wird die Reise ausgedehnt, und
nicht selten erreicht der Lachs dabei Meereshöhen von 1000 m und
mehr. Wo reines, sauerstoffreiches Wasser flach über kiesigen Unter=
grund strömt, da erscheint den weitgereisten Wanderern endlich die
Gelegenheit günstig, sich ihrer sie belastenden Geschlechtsprodukte
zu entledigen. In der Regel steht ein Rogner mit einem alten und
mehreren jungen Milchnern zusammen. Durch energisches Fegen
mit der Schwanzflosse schafft sich das Weibchen eine Laichgrube und
setzt in diese nach und nach seine 10—30000 rotbraunen Eier ab,
die von dem daneben liegenden oder etwas oberhalb im Wasser
stehenden Männchen sofort besamt und dann mit Sand oder Kies
oberflächlich wieder verdeckt werden. Die Tiere gehen in ihrer Buhl=
schaft, die sich 8—14 Tage hinziehen kann, völlig auf, haben für

nichts anderes mehr Sinn und lassen sich an seichten Plätzen sogar
mit Händen greifen. Das alte Lachsmännchen ist während dieser Zeit
eifersüchtig wie ein Türke, nimmt jede Störung furchtbar übel und
schießt wie ein böser Bullenbeißer auf alles los, das seinen Unwillen
erregt. Mit Geschlechtsgenossen der eigenen Art setzt es dann erbit-
terte Kämpfe ab, bei denen das Blut fließt und nicht selten einer
der beiden Duellanten tot auf dem Platze bleibt, während die jungen
„Spetzker" die günstige Gelegenheit benutzen, auch von den Freuden
der Minne zu kosten, so daß wir hier ähnliche Verhältnisse vor uns
haben, wie zwischen Platzhirsch und Spießer. Bei solchen Raufe-
reien kommen dann Schwartenpanzer und Eberzahn zu ihrem Recht.
Das anstrengende Laichgeschäft erschöpft die letzten Kräfte der viel-
geprüften Fische. Zum Skelett abgemagert, todesmatt, mißfarbig
treten sie den Rückweg zum fernen Meere an, lassen sich vielmehr
fast ohne eigenes Zutun von der Strömung dorthin treiben, und nicht
wenige gehen dabei vor Erschöpfung zugrunde. Das Fleisch solcher
Lachse ist fad und weichlich geworden und durchaus kein Leckerbissen
mehr, gilt vielmehr als nahezu ungenießbar. Wieder im nahrungs-
reichen Meere angekommen, erholen sie sich aber rasch, fressen nun
tüchtig und nehmen dadurch in einer Weise zu, die selbst im Reich
der Fische einzig dasteht. So wurde ein im Februar 1908 in England
gefangener 8 pfündiger Lachs gezeichnet, und nach genau einem Jahre
als fetter 20 pfündiger Bursche wieder gefangen. Der in den Ge-
birgswassern abgesetzte Laich braucht geraume Zeit bis zum Ausschlüpfen, nämlich je nach den Temperaturverhältnissen des Wassers
3—5 Monate. Die jungen Lachse leben dann im allgemeinen etwa
zwei Jahre an ihrem Geburtsorte oder in dessen Nähe, bis sie gegen
40 cm lang geworden sind und den schönen Silberglanz bekommen,
worauf sie langsam die Wanderung nach dem Meere antreten, um sich
hier tüchtig an Krebstieren, Gewürm, Muscheln und kleinen Fischen
zu mästen und die Geschlechtsreife zu erhalten, worauf sie sich dann
zum ersten Male auf die beschwerliche Brautfahrt begeben. Unbedingt notwendig ist übrigens für die Lachse der hier geschilderte fortwährend Wechsel zwischen Salz- und Süßwasser nicht, denn es gibt
auch Lachse in völlig abgeschlossenen Wasserbecken, wo sie dann
lediglich die seichte Uferzone zum Laichen aufsuchen. Über verschiedene andere mit der Wanderung zusammenhängende Fragen gibt
am besten der Fisch selbst Auskunft, und zwar durch das Tagebuch,

das er auf seine Schuppen schreibt. Wir wissen ja, daß die Schuppen der Fische sogenannte Jahresringe aufweisen, nämlich regel= mäßig abwechselnde Zonen schnelleren und langsameren Wachstums, die reichlichen oder spärlichen Ernährungsperioden entsprechen und sich mit den bekannteren Jahresringen der Bäume vergleichen lassen, wie man auch nach ihnen gerade wie bei diesen das Alter der Fische mit annähernder Sicherheit bestimmen kann. Hutton hat nun her= ausgefunden, daß der frisch ins Meer eingewanderte Junglachs auf der Schuppe deutlich zwei Zonen mit eng zusammengedrängten kon= zentrischen Linien erkennen läßt. Sie entsprechen je einem Winter= aufenthalt im Süßwasser mit seiner knappen Ernährung. Später schließt sich dann eine Zone an, in der die Linien ganz auffallend weit auseinander stehen: der Fisch ist sehr rasch gewachsen, denn das Meer bot ihm seinen Nahrungsreichtum dar. Aber auch dieser wird im Winter spärlicher oder nicht in gleichem Maße ausgenutzt, und so markiert sich jeder im Meer zugebrachte Winter wieder durch eine Zone eng beisammen liegender Linien. Dadurch wird es ermöglicht, genau festzustellen, wie viel Winter, bzw. Jahre der Lachs im Meere verbringt, ehe er erstmals zum Laichen in die Flüsse empor= steigt, und es hat sich herausgestellt, daß die in die Flußmündungen eintretenden kleinsten Lachse 1—3 Winterringe auf den Schuppen tragen. Die lange Fastenzeit im Süßwasser wird dadurch zum Aus= druck gebracht, daß die Schuppen sich auffasern und aussehen, als seien sie schadhaft geworden. Diese abgeriebene Zone bleibt stets erkennbar, auch wenn sich wieder neue Linien angesetzt haben, und es hat sich so ergeben, daß der Lachs seine entbehrungsreiche Brautfahrt nicht alljährlich unternimmt, sondern sich bisweilen ein Jahr der Ruhe und Kräftigung im Meere vergönnt. Zu seinem Wohlbefinden beansprucht der Lachs vor allem eins: reines, un= getrübtes Wasser, und er ist deshalb aus unseren durch die Industrie verseuchten Gewässern leider so leicht zu vertreiben wie kaum ein anderer Fisch. Fast wie eine Sage mutet es uns an, daß einst in Hamburg, Pommern, West= und Ostpreußen die Dienstboten sich ver= baten, mehr als zweimal wöchentlich Lachsfleisch vorgesetzt zu erhal= ten, denn inzwischen ist der Lachsfang bei uns ganz gewaltig zurück= gegangen und auch das Aussetzen künstlich erzielter Brut hat das köstliche Lachsfleisch, das in nordischen Ländern noch heute vielfach Volksnahrungsmittel ist, noch nicht wieder verbilligen können.

Immerhin liefert der Lachsfang an der ostpreußischen Küste und
der Salmfang am Niederrhein auch jetzt noch recht schöne Erträge.
Im Norden ist der wertvolle Fisch, dessen Verbreitungsgebiet auch
nach der Neuen Welt hinübergreift, weit zahlreicher als bei uns,
fehlt dagegen südlich der Alpen, kommt also in allen sich ins Mittel=
meer ergießenden Strömen nicht vor. Es ist wohl anzunehmen, daß
die heutige Verbreitung der lachsartigen Fische auf die Einflüsse
der letzten Eiszeit zurückzuführen ist. Ursprünglich im hohen Norden
heimisch und an ein kaltes Klima gewöhnt, wanderten die Salmo=
niden mit den vorrückenden Gletschern nach Mitteleuropa, und als
die Gletscher wieder wichen, blieb ein Teil der Einwanderer in den
kühleren Gewässern zurück, und die dadurch entstehende Isolierung
begünstigte die Entwicklung zahlreicher nahe verwandter Formen,
während andere zu Wanderfischen wurden. So ist der Lachs und
seine Sippschaft ein köstliches Geschenk, das uns die Eiszeit beschert
hat. Der Fang des Lachses wird auf die verschiedenste Weise be=
trieben. Besonders aufregend und unterhaltend ist das Speeren bei
Fackelschein. In England hat sich das Lachsangeln zu einem aristo=
kratischen Sport herausgebildet, der geradezu fanatische, vor keinem
Opfer zurückschreckende Anhänger zählt. Allenthalben in der nor=
dischen Welt trifft man diese englischen Lachsangler an. „Hoch
oben in der Nähe des Nordkaps habe ich sie sitzen sehen, diese un=
verwüstlichen Fischer, mit einem aus Mücken gebildeten Heiligen=
schein umgeben, eingehüllt in dichte Schleier, um sich vor den blut=
gierigen Kerfen wenigstens einigermaßen zu schützen. In der
Nähe ansprechender Stromschnellen hatten sie Zelte aufgeschlagen,
inmitten der Birkenwaldungen auf Wochen mit den notwendigsten
Lebensbedürfnissen sich versehen, und standhaft wie Helden er=
trugen sie Wind und Wetter, Einsamkeit und Mücken, schmale
Kost und Mangel an Gesellschaft, zahlten auch ohne Widerrede den
Besitzern eine Pacht von Tausenden von Mark für das Recht, sechs
Wochen lang hier fischen zu dürfen, und gaben außerdem noch den
größten Teil ihrer Beute unentgeltlich den Besitzern der benach=
barten Höfe ab.“ (Brehm.)

Eine nahe Verwandte des Lachses ist das wertvollste Kleinod
unserer Gebirgswässer, die vielgerühmte Forelle (Trútta fário).
Sie ist aber im Gegensatz zu ihm Standfisch oder wandert doch nur
zur Laichzeit ein wenig flußaufwärts, wobei sich beide Geschlechter

getrennt halten, sich schließlich aber doch wieder mit Sicherheit zu-
sammenfinden. Erfahrene Fischer wollen sogar eine gewisse Zu-
neigung der einzelnen Individuen zu ganz bestimmten Artgenossen
festgestellt haben und behaupten, daß die Paare innig zusammen-
halten und die Laichgrube gegen fremde Eindringlinge gemeinsam
auf das wütendste verteidigen. Bei diesen Eifersuchtskämpfen, die
mit dem scharfen Gebiß ausgefochten werden, gibt es Wunden und
Schrammen genug, und man findet deshalb nach Beendigung der
Laichzeit selten eine ganz unverletzte Forelle. Eingeleitet wird der
Laichakt durch reizende Schwimmspiele, wobei sich die Tiere in ele-
ganten Wendungen gegenseitig umschwimmen, zart aneinander
reiben und durch die gewagtesten Drehungen ihre schöne Färbung
zur Geltung zu bringen suchen. Der Laichakt selbst vollzieht sich
in ganz ähnlicher Weise wie beim Hecht. Das Weibchen bereitet das
Laichbett, indem es sich rasch von einer Seite auf die andere wirft,
durch kräftige Schwanzbewegungen die Kiesel beiseite fegt oder
solche wohl auch mit dem Maule entfernt. Sind die orangefarbenen
Eier abgelegt und befruchtet, so werden von beiden Gatten gemeinsam mit aller Kraft Kieselsteinchen auf das Laichbett geschleudert,
die sich oft zu einem kleinen Hügel auftürmen. Die Gesamtzahl der
Eier beträgt nur etwa 1000, und sie werden in größeren Zwischen-
räumen abgelegt, so daß sich das Laichgeschäft, das meist in die
Wintermonate fällt, über eine volle Woche hinzieht. Erst nach
frühestens zwei Monaten entschlüpfen die anfangs recht unbehilf-
lichen und durch den großen Dottersack in ihren Bewegungen sehr
behinderten Jungen. Da, wo klares, sauerstoffreiches Wasser über
Moos, Kiesel und Felstrümmer rasch dahinströmt, dazwischen ruhigere
Stellen mit tieferem Wasser sich finden, überhängende Uferränder
gute Schlupfwinkel abgeben und am Rande stehende Bäume die
Oberfläche beschatten, fühlt sich die Forelle am wohlsten, und sie steigt
an solchen Örtlichkeiten selbst bis zur Schneegrenze aufwärts, bleibt
dann allerdings wegen der knappen Nahrung stets auffällig klein.
Doch vermag sie sich auch allen möglichen anderen Verhältnissen
anzupassen, wenn nur durch lebhaften Wellenschlag für eine
genügende Anreicherung des Wassers mit Sauerstoff gesorgt ist. So
gedeiht sie recht gut in entsprechenden Teichen, die von kalten Quellen
gespeist werden. Unsere Forellenbestände sind durch schonungslose
Überfischerei und durch Vergiftung der Bäche mit Fabrikabwässern

leider schon so stark zurückgegangen, daß der wohlschmeckende Fisch,
für den namentlich in „modernen" Touristengegenden oft ganz
märchenhafte Preise bezahlt werden müssen, heute nur noch die
Tafel der Reichen schmückt. Ehemals war das ganz anders, und im
östlichen Montenegro z. B. lernte ich die Forelle auch jetzt noch als
ein billiges Volksnahrungsmittel kennen. Nebenbei gesagt, war in
den betreffenden Gegenden auch die Wasseramsel überaus häufig,
die von unseren Fischzüchtern so vielfach als die schlimmste Feindin
der Forelle hingestellt wird. Wenige Fische sind so menschenscheu
und vorsichtig wie die Forelle. Nur wenn ringsum alles ganz ruhig
ist, kommt sie aus ihrem Versteck zwischen Baumwurzeln oder Steinen
heraus und stellt sich mit dem Kopfe gegen die Strömung, indem
sie sich durch richtig abgemessene Schläge der Brustflossen und
schraubenartige Bewegungen der Schwanzflosse stundenlang auf der
gleichen Stelle erhält und geduldig darauf lauert, ob nicht ein gün-
stiger Zufall ein Beutetier vorüberführen oder ein Insekt ins Wasser
wehen wird. Nach über dem Wasser tanzenden Mücken oder Ein-
tagsfliegen springt der Fisch auch aus seinem Elemente heraus und
erhascht die Ahnungslosen mit geschickter Wendung. Bei dem geringsten Anzeichen von Gefahr aber schießt die Forelle pfeilschnell ihrem
Schlupfwinkel zu, tauscht diesen gleich darauf mit einem anderen und
ist so gar nicht leicht ausfindig zu machen, obgleich sie als ein überaus
zäher Standfisch bei Tage aus einem Gebiet von etwa 20 m Bach-
länge kaum herausgeht. Bei Nacht schweift sie auf der Nahrungs-
suche weiter umher und zeigt sich dann als ein tüchtiger Räuber,
der selbst der eigenen Nachkommenschaft nicht schont. Wie gefräßig
die Forellen sind, geht daraus hervor, daß man schon Stücke gefangen
hat, denen noch das Schwanzende einer erst halb verdauten Ringel-
natter zum Maule heraushing, da die verzehrte Schlange doppelt so
lang war als der Fisch. Im allgemeinen gelten bei uns mehr als
halbmeterlange Forellen als eine Seltenheit. Doch sind auch schon
mehr als meterlange Exemplare mit entsprechendem Gewicht vorgekommen. Der Feinschmecker wird ihnen stets die kleinen Por-
tionsforellen vorziehen. Die ansprechende Färbung mit der hübschen
Tüpfelzeichnung wechselt fast in noch höherem Maße als beim Lachs,
und diese Verschiedenheit erstreckt sich sogar auf das Aussehen des
Fleisches, das alle Zwischenstufen vom reinsten Weiß bis zum schönen
Lachsrot durchlaufen kann. Die englischen Sportfischer behaupten,

daß das Fleiſch um ſo röter werde, je mehr phosphorhaltige Nah-
rungsmittel der Fiſch vertilge. Auch ſollen die am ſchönſten gefärbten
und am lebhafteſten gefleckten Forellen das weißeſte Fleiſch haben
und umgekehrt, Teichforellen ein röteres als die in ſteinigen Bächen
lebenden. In Torfgewäſſern trifft man faſt ſchwarze Forellen, in
unterirdiſchen Waſſerläufen, ſo in von einem Bach durchſtrömten
Tunneldurchſchlägen, nicht eben ſelten Albinos oder auch blinde
Exemplare, in kleinen Gebirgsbächen die am hübſcheſten gezeichneten.
In ſeiner Jugend hat unſer Fiſch, deſſen Farbſtoffe auch in die Floſſen
eintreten, Bänderzeichnung aufzuweiſen. Nach den Unterſuchungen
Wagners unterſcheiden ſich dieſe Jugendbänder ihrer Pigmentierung
nach nicht quantitativ, ſondern nur qualitativ von den übrigen Par-
tien der Oberhaut; ſie ſind alſo nicht aus einer größeren Anzahl
von Chromatophoren (Farbſtoffzellen in der Haut) zuſammengeſetzt,
ſondern dieſe befinden ſich in einem anderen Zuſtande der Ausdehnung, können unabhängig von denjenigen des übrigen Körpers
tätig ſein und werden auf beſondere Art mit Nervenfaſern verſorgt.
Das Plasma der orangeroten Zellen iſt von einer ölartigen Maſſe
erfüllt, die dem Dotterſacköl der Embryonen ſehr nahe ſteht, vielleicht
ſogar mit ihm gleichbedeutend iſt. Sie bilden in ihrem Inneren die
ſpäter außenzelligen Liptochromtröpfchen, die die roten Tupfen der
älteren Forellen zuſammenſetzen. Zur Laichzeit werden dieſe auf
dem Bauch mehr oder minder ſchwärzlich und beſitzen jederzeit ein
ziemlich ſtarkes Farbanpaſſungsvermögen. Bei uns darf die Forelle
(ſie hieß früher „Fohre“, im Bayriſchen jetzt noch „Föhrchen“, und
in Mitteldeutſchland wird ihr moderner Name vielfach noch auf der
erſten Silbe betont) wohl als der beliebteſte Angelfiſch gelten, da ſie
in ihrer Raubgier gut auf den Inſektenköder oder auf die künſtliche
Fliege geht. Ihr zartes, von den Alten merkwürdigerweiſe nicht
gewürdigtes, fein nußartig ſchmeckendes Fleiſch wird in Deutſchland
in der Regel blau geſotten, in Oeſterreich dagegen meiſt gebacken —
in meinen Augen eine Barbarei. In jüngſter Zeit ſind die Forellen-
beſtände mancher Gegenden durch die eigenartige Taumelkrankheit
arg mitgenommen und gefährdet worden. Verurſacht wird dieſe
Seuche durch einen in den inneren Geweben, beſonders aber im
Gehirn ſchmarotzenden, winzigen Algenpilz, den Ichthyophonus
hoferi, wie er zu Ehren Hofers heißt, der die Taumelkrankheit
1893 erſtmalig beſchrieb. Merkwürdig iſt, daß die Fiſche immer nur

in einem gewissen Lebensalter von der sich zuerst durch Dunkel=
färbung des Schwanzendes kenntlich machenden Krankheit ergriffen
werden.

Glücklicherweise ist gerade die Forelle in hohem Maße für die
künstliche Fischzucht geeignet. Hat diese auch nicht all die über=
schwenglichen Hoffnungen erfüllt, die man in der ersten Begeisterung
auf sie gründete, so darf sie doch schon heute als ein volkswirtschaft=
lich nicht unbedeutender Faktor und als ein geeignetes und wirk=
sames Mittel gelten, der drohenden Verödung unserer Gewässer ent=
entgegenzuwirken. Obwohl bereits zur Zeit des 7jährigen Krieges
der Mathematiker, Landwirt und Landeshauptmann Jacobi im
Lippeschen die Grundzüge der künstlichen Fischzucht und ihre Bedeu=
tung richtig erkannte, geriet seine Entdeckung doch wieder in Der=
gessenheit, da die Zeiten zu bewegt, eine Presse zur raschen und
allgemeinen Verbreitung gemeinnütziger Ideen kaum vorhanden
war, und da es vor allem noch keinen Mangel an Fischen gab. Erst
um die Mitte des vorigen Jahrhunderts kamen zwei einfache fran=
zösische Fischer, Remy und Gehin, erneut auf den guten Gedanken,
der nun in dem Pariser Professor Coste einen begeisterten Propheten
und in Napoleon III. einen verständnisvollen Förderer fand. Sein
etwas voreiliges Versprechen, in wenigen Jahren ganz Frankreich
mit Edelfischen zu bevölkern und jedem Franzosen eine stattliche
Forelle auf den Sonntagstisch zu zaubern, vermochte Coste freilich
nicht einzulösen, wie überhaupt die ganze Sache in Deutschland bald
kräftiger und praktischer entwickelt wurde. In sehr hoher Blüte
steht sie heute in der Schweiz, wo 180 Brutanstalten in Betrieb
sind und jährlich einige 50 Millionen Jungfische verschiedener
Art liefern. Früher brachte man Rogen und Milch, die durch
sanftes Streichen an der Bauchseite der Tiere gewonnen werden,
im Wasser zur Berührung, wobei sich eine Befruchtung von etwa
50 Proz. ergab, immerhin ein großer Fortschritt gegen die natür=
lichen Verhältnisse, wo nicht viel mehr als 10 Proz der Eier
wirklich befruchtet werden. Seit man aber dazu übergegangen ist,
die Geschlechtsprodukte ohne Wasserzusatz trocken mit einer Gänse=
feder zu verrühren und die Eier zunächst in ein Sieb zu ent=
leeren, aus dem der mit ausfließende und sie schädigende Harn
abfließen kann, hat man das sehr befriedigende Ergebnis von 90
Proz. Befruchtung erzielt. Die Eier quellen nämlich im Wasser rasch

auf und sind dann für die Samenfäden nicht mehr zugänglich. Bei der ganzen Manipulation muß man fix verfahren, denn die Samen= fäden der Fische haben nur eine sehr kurze Lebensdauer und Bewe= gungsfähigkeit. Sie soll bei der Forelle nur 40, beim Lachs nur 45 Sekunden betragen, beim Karpfen und Barsch größer sein und beim Hecht sich gar über vier Minuten erstrecken. Nachdem die Eier mit Wasser übergossen wurden (unbefruchtet gebliebene verraten sich bald durch weiße Farbe), kommen sie in die Brutkästen, die fortwäh= rend von frischem, schlammfreiem und sauerstoffreichem Wasser durch= spült werden, das ständig auf gleicher Temperatur zu halten ist. Vor Erschütterungen sind die Eier sorgsam zu bewahren, auch ab und zu abzubrausen, um eine Verschleimung zu verhüten, und täglich müssen abgestorbene oder verpilzte Eier ausgelesen und entfernt werden. Sobald dann erst die Augenpunkte der Embryonen sichtbar werden, sind die Eier weniger empfindlich. Die Milch eines Männ= chens genügt, um die Eier mehrerer Rogner zu befruchten. Trotzdem scheinen in freier Natur, wie überhaupt bei den meisten Fischen, mehr Männchen als Weibchen vorhanden zu sein, und man hat daraus schließen wollen, daß die Fische in Polyandrie (Vielmännerei) leben, soweit von einer solchen bei einer nur äußerlichen Vereinigung der Geschlechtsprodukte überhaupt die Rede sein kann. Bezüglich des Geschlechts der Nachzucht soll nach den Erfahrungen der Aquarien= freunde an ausländischen Zierfischen die Temperatur maßgebend sein, in der die Elterntiere gehalten wurden. Bei warmer Temperatur soll der Laich mehr Weibchen liefern, bei kalter mehr Männchen. Von der gerade bei Fischen leicht durchzuführenden Bastardzucht, von der man sich vor einigen Jahrzehnten wahre Wunder versprach, ist man jetzt so ziemlich wieder abgekommen. Sie hat im allgemeinen mehr geschadet als genützt, und in der Regel hat die freie Natur die Pro= dukte allzu eifriger Züchter bald wieder fortgefegt. Ebenso sind die Gefahren der Inzucht bei der Fischzucht nicht gering anzuschlagen. Mit dem Schwanze voran, entschlüpfen die jungen Forellen nun endlich der Eihülle und müssen nach Aufzehrung ihres umfangreichen Dottersackes mit Daphnien, Mückenlarven, Eigelb, Quark, Kalbs= hirn und dergl. ernährt werden, worauf sie in die Streckteiche kommen, wo sie bei Fütterung mit Schellfischfleisch, Leber, mit Mehl oder Kleie verknetetem Blut rasch wachsen. Einjährig werden sie endlich in die freien Teiche oder Bachläufe eingesetzt und können

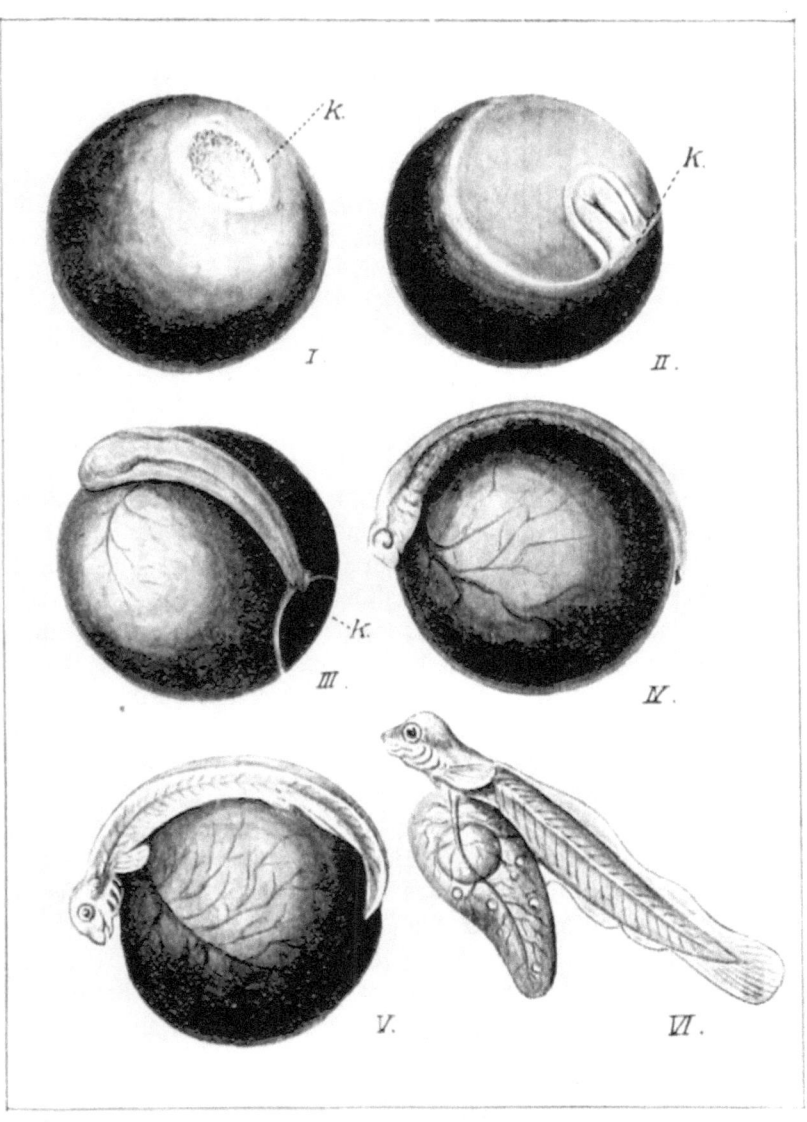

Embryonalentwicklung eines Knochenfisches. (Nach Kennel gez. von Dr. E. Bade.)
I. Ei mit Keimscheibe, k fixierte Randstelle derselben, Hinterende des Embryo. II. Ausbreitung
der Keimscheibe mit Embryonal= oder Primitivwulst, k fixierte Stelle. III. Stadium mit stark
nach vorn verlängerter und vortretender Embryonalanlage der Rückenteile. IV. und V. Weitere
Stadien, der Dotter ist ganz von den Keimscheiben umwachsen, Kopf und Schwanz heben sich
ab, letzterer wächst nach hinten in die Länge. VI. Junger Fisch mit Dottersack, in diesem die
Blutgefäße und Fetttropfen.

dann schon nach 6—8 Monaten das Marktgewicht erreichen, ohne
noch viel von ihren natürlichen Feinden, die ihnen ja im zarten
Alter am gefährlichsten sind, leiden zu müssen. Gerade in Forellen=
brutanstalten kann man sehr gut die Entwicklung des Fisches im
Ei beobachten. Die Furchung ist eine partielle, indem nur der Bil=
dungsdotter eine Teilung erfährt, und die von der Seite her erfol=
gende Einstülpung bleibt unvollkommen: der dem Nahrungsdotter
dann scheibenförmig aufliegende Keim wird zur zweischichtigen
„Scheibengastrula“. Im weiteren Verlauf der Entwicklung bildet
sich die Körperform immer deutlicher aus, indem die Keimscheibe
durch Einrollung nach unten die Form eines umgekehrten Kahnes
annimmt. Das Vorderende mit den stark hervortretenden Augen
charakterisiert sich durch seine Dicke bald als Kopf, das Hinterende
durch seine Schlankheit als Schwanz. Das Ganze umwächst den Nah=
rungsdotter, streckt sich in die Länge und hebt sich von seiner Unter=
lage ab. Augen und Schwanz vollführen zuckende Bewegungen, und
letzterer bereitet dadurch das Ausschlüpfen vor. Die zwei ursprüng=
lichen Keimhäute bilden nach unten offene Röhren, das Haut= und
das Darmrohr, und als drittes kommt das Nervenrohr hinzu, das
durch Einstülpung vom Rücken her mit nachfolgender Abschnürung
entsteht und das spätere Rückenmark vorstellt. Von der inneren
Keimhaut aus bildet sich die Grundlage der späteren Wirbelsäule,
und ein sich neu einschiebendes drittes Keimblatt liefert die Stoffe
zum Aufbau der Knochen und Muskeln. Sehr früh macht sich das
mit roten Blutkörperchen erfüllte Herz bemerkbar. Am Halse zeigen
sich Kiemenspalten und dazwischen Kiemenbögen, und außen setzen
sich als einfache Stümpfe die Flossen an.

Die Gruppe der lachsartigen Fische, die sich durch edlen Körper=
bau, das Vorhandensein einer kleinen, strahlenlosen Fettflosse zwi=
schen Schwanz= und Rückenflosse, kleine Beschuppung und gräten=
armes Fleisch auszeichnet, umfaßt noch eine ganze Reihe wirtschaftlich
wichtiger Speisefische. Der Huchen oder Donaulachs (Sálmo húcho)
war früher wohl auch Wanderer, ist aber notgedrungen zum Stand=
fisch geworden, da das Schwarze Meer, auf das er angewiesen wäre,
wegen seines Schwefelwasserstoffgehaltes keine geeigneten Tiefen
bietet. Er bummelt aber doch gerne — schon der Ernährungsver=
hältnisse wegen — ein wenig in der Welt herum, indem er sich im
Hauptstrome oder in den Nebenflüssen sachte und allmählich nach auf=

wärts schiebt. Doch herrscht über die Wanderungen dieses stattlichen, 2 m lang und 25 kg schwer werdenden Fisches noch viel Unklarheit, was auch im wirtschaftlichen Interesse sehr zu bedauern ist, da er ein besonders wohlschmeckendes weißes Fleisch hat und die Ausübung des Angelsports auf ihn mancherlei interessante Momente und Erlebnisse zu zeitigen pflegt. Seiner Größe entsprechend ist der Huchen ein gewaltiger Räuber, der oft wie ein Windhund hinter seiner Beute dreinjagt und sich dabei als ein sehr gewandter Schwimmer zeigt, und der selbst Wasserratten und Wassergeflügel nicht verschont. Gewöhnlich steht er im tiefen, stark strömenden Wasser, und nur zur Laichzeit sucht er flache und kiesige Stellen auf. Diese fällt übrigens bei ihm im Gegensatz zu anderen Salmoniden in die Frühjahrsmonate. Ein Charaktertier der stillen und kalten Gebirgsseen unserer Alpen ist der Saibling (Sálmo salvelínus), der von allen unsren Fischen das köstlichste Fleisch liefern soll und deshalb sehr teuer bezahlt wird, obschon sein durchschnittliches Gewicht nur ½ kg beträgt. Da er willig künstliches Futter annimmt und sich überhaupt recht widerstandsfähig zeigt, eignet er sich auch gut zur Mast. Gewöhnlich hält sich dieser ausgesprochene Standfisch scharenweise in größeren Tiefen seiner Wohngewässer auf und steigt nur abends zum Mückenfang an die Oberfläche empor. Den in den Seen des Salzkammergutes und namentlich im Gosausee lebenden Schwarzreiter möchte ich für eine Kümmerform des Saiblings halten. Die Meer- oder Lachsforelle (Sálmo trútta) verbringt den größten Teil ihres Daseins im Salzwasser unserer Küsten und vollführt von da aus des Laichgeschäftes halber ähnliche Wanderungen wie der Lachs, wird aber nicht so hoch geschätzt wie dieser. Als eine durch ständigen Aufenthalt im Süßwasser seßhaft gewordene Abart von ihr ist die Schwebe- oder Seeforelle (Sálmo lacústris) aufzufassen, die eine ähnliche Verbreitung hat, wie der Saibling, aber in etwas abgeänderter Form auch in den Seen Skandinaviens und Schottlands vorkommt. Zum Laichen steigt der stattliche, sich sonst in beträchtlicher Tiefe aufhaltende und hier fleißig auf Lauben und Renken jagende Fisch in den einmündenden Flüssen während des Winters aufwärts. Die von den alten Weibchen angelegten Laichgruben sind so umfangreich, daß sie bequem einen liegenden Mann aufnehmen können. Interessant ist, daß dieser wirtschaftlich wichtige Fisch in zwei verschiedenen

Formen auftritt, die namentlich im Bodensee scharf differenziert sind. Es ist ja eine bekannte Tatsache, daß bei allen Salmoniden gewisse Individuen sich geschlechtlich nicht zur Reife entwickeln und auch äußerlich zeitlebens von den normalen Exemplaren verschieden bleiben. Wenigstens ist der berühmte Fischforscher v. Siebold der Ansicht, daß diese Unfruchtbarkeit für das ganze Leben anhalte und in den meisten Fällen auf die Abgeschlossenheit in zuflußlosen Seen zurückzuführen sei, während Widegren die Sterilität nur für eine vorübergehende Erscheinung hält, da die Fische in einer späteren oder auch sehr viel späteren Periode doch noch geschlechtlich vollreif würden. Vielleicht bringen die seit 1907 angestellten Markierungsversuche Klarheit in diese einstweilen noch recht dunkle Frage. Jedenfalls ist im Bodensee die behäbige, stumpfschnauzige, dunkle, geschlechtsreif werdende Form als „Grundforelle" ganz verschieden von der schlanken, spitzschnauzigen, silberigen, nur sehr spärlich gefleckten und stets kleiner bleibenden „Mai-", „Silber-" oder „Schwebeforelle", so daß der den ansässigen Fischern längst bekannte Unterschied beider auch dem Laien sofort auffällt. Ihrer Schnellwüchsigkeit und des dadurch bedingten wirtschaftlichen Wertes halber sind aus Nordamerika der Bachsaibling (Sálmo fontinális) und die Regenbogenforelle (Sálmo idéus) bei uns eingebürgert worden. Ein nur 15—30 cm lang werdendes, stark silberglänzendes Fischchen mit tief gespaltenem Maul ist der sehr variable Stint (Osmérus eperlánus), seines üblen Geruches halber auch „Stinkfisch" benannt. Namentlich in den Haffen der Ostsee tritt er zu gewissen Jahreszeiten in wahren Unmassen auf, so daß ein sehr lohnender Fang betrieben wird. Hat man sich einmal an den zum mindesten recht eigenartigen Geruch gewöhnt, so wird man das Stintfleisch und besonders die aus ihm bereitete delikate Suppe hoch zu schätzen wissen. Gewöhnlich wissen die Fischer mit dem übergroßen Stintsegen allerdings nichts anderes anzufangen, als ihn in die Schweinetröge zu schütten oder als Dung auf die Felder zu fahren, bestenfalls ihn zur Tranbereitung einzukochen. Die flüchtige, ungemein bewegliche, höchstens 1½ kg schwer werdende Äsche (Thymállus vulgáris) mit der prachtvoll purpurroten, durch schwarze Fleckenbinden noch gehobenen Rückenflosse darf wohl als einer der schönsten und anmutigsten deutschen Fische bezeichnet werden. Sie bevorzugt ähnliche Örtlichkeiten wie die

Forelle, siedelt sich jedoch in der Regel etwas unterhalb der Forellen=
region an. In bezug auf Reinheit und Sauerstoffgehalt des Wassers
ist die Äsche noch anspruchsvoller als die Forelle, schweift auch mehr
herum als diese und lebt geselliger. Neben Insekten verzehrt sie
hauptsächlich Schnecken und kleine Muscheln und produziert ein das
Entzücken aller Feinschmecker bildendes Fleisch, das angeblich nach
Thymian riechen soll, wovon ich allerdings noch nichts wahrzunehmen
vermochte. Die nur kleine oder mittelgroße Arten umfassende Gat=
tung Coregonus zeichnet sich durch größere Schuppen und mehr
weißfischartigen Körperbau vor den echten Lachsen aus. Zu ihr
gehört die große Maräne (Coregónus lavarétus), die gleich ihren
Verwandten in beträchtlichen Tiefen ein lichtscheues Dasein führt
und nur zur Laichzeit in flacheres Wasser kommt. Ihre teilweise
Isolierung in abgeschlossenen Binnenseen hat die Bildung zahlreicher
Lokalformen begünstigt, von denen hier Wander=, Madü= und Edel=
maräne genannt seien, denen sich die in alpinen Seen lebende Boden=
renke zugesellt. Alle Maränen, die für den Fang allerdings fast nur
zur Laichzeit zugänglich sind, gelten ebenso wie die übrigen Angehöri=
gen dieser Gruppe für äußerst wohlschmeckend. Besonders wichtig
sind alle verschiedenen Renkenformen für die Stromfischerei Sibi=
riens, wo der Fang auf sie im großartigsten Maßstabe betrieben wird.
Die in den Seen Norddeutschlands heimische Zwergmaräne (Core=
gónus álbula), die nicht leicht über 35 cm lang wird, nährt sich
hauptsächlich von kleinen Krustern und zeigt sich in warmen Sommer=
nächten unter vielem Geplätscher auch an der Oberfläche. In geräu=
chertem Zustande bildet sie eine hochgeschätzte Delikatesse und geht
als solche in alle Welt hinaus. Das Blaufelchen (Coregónus wart=
mánni) ist der bekannteste Speisefisch des Bodensees und kommt
in etwas abgeänderter Form (Traunseemaräne, Pfäffikonmaräne
usw.) auch in anderen Alpenseen vor. In tiefen und kühlen Wasser=
schichten führen diese sehr geselligen Fische ein unstetes Wanderleben,
indem sie den frei im Wasser schwebenden Kleintieren folgen. Zur
Laichzeit drängen sie sich an geeigneten Stellen derart zusammen, daß
sie sich gegenseitig den das Hochzeitskleid bildenden Körnerausschlag
abreiben, der dann weithin den Wasserspiegel bedeckt. Nach dem
Zeugnisse Vogts sollen sie beim Laichakt paarweise meterhoch aus
dem Wasser herausspringen und dabei, Bauch gegen Bauch gekehrt,
gleichzeitig Milch und Rogen fahren lassen. Der sehr lohnende Fang

der Blaufelchen, die 1886 mit Erfolg auch im Laacher See eingebür=
gert wurden und sich dort schon stark umgebildet haben, erfolgt
zur Laichzeit in großen Zugnetzen, sonst mit tiefgehenden Angel=
schnüren. In der Hauptsache auf Boden= und Ammersee beschränkt ist
das kleinere, durch kurzen Leibesbau und deutlich gebogenen Rücken
ausgezeichnete Kropffelchen (Coregónus hiemális) oder der Kilch.
Von allen Renken ist diese Art der ausgesprochenste Tiefenfisch, so daß
er bei raschem Heraufholen „trommelsüchtig“ wird, indem die
Schwimmblase sich infolge des plötzlich verminderten Atmosphären=
drucks jäh ausdehnt, dadurch den Leib unförmlich auftreibt, die Ein=
geweide verschiebt und schließlich wohl gar den Leib mit lautem Knall
zum Platzen bringt. Da der Kilch nur zur Laichzeit für wenige Tage in
die Ufergewässer kommt, wissen wir über seine Naturgeschichte noch
recht wenig, und auch sein Fang ist aus dem gleichen Grunde schwie=
rig und wenig lohnend. Ganz das Gegenteil gilt vom Schnäpel
(Coregónus oxyrhynchus), einem sehr wanderlustigen Gesellen, der
wie der Lachs zum Laichen aus der Nord= und Ostsee truppweise in
die Flüsse steigt, hier allerdings seine Wanderungen nicht so weit aus=
dehnt, wie jener. Dafür beginnt die junge Schnäpelbrut schon dem
Meere zuzustreben, wenn sie kaum erst den Dottersack aufgezehrt hat.

Als den Wolf in unserer heimischen Fischwelt könnte man den
Hecht (Esox lúcius) bezeichnen. Wie jenes grimmige Säugetier ist
auch er von einer unbändigen Raublust beseelt, wie jener erscheint
er beständig vom Hunger geplagt und wagt sich dann an größere
Geschöpfe, wie jener ist er der Schrecken aller friedliebenden Tiere
in seiner Umgebung. Der langgestreckte, walzenförmige Leib mit
der weit nach hinten gestellten, der Afterflosse gerade gegenüber be=
befindlichen Rückenflosse, der charakteristische Alligatorkopf mit der
entenschnabelähnlichen Schnauze und den niederträchtig blickenden,
starren Augen, das Überwiegen der grünen Farbe auf dem Ober=
körper, das ungewöhnlich scharf abgesetzte Schwanzende mit der tief
gegabelten Flosse machen den Hecht sofort kenntlich. Während die
große Mehrzahl der Hechte bei uns nur meterlang wird, werden doch
nicht allzu selten auch Stücke von doppelter Länge und bis zu 35 kg
Gewicht gefangen. Ja, es scheinen gerade bei diesem Fische wahre
Goliaths vorzukommen. So berichteten die Tageszeitungen, daß im
Juni 1908 im Ammersee durch den Wellenschlag eines Dampfers
ein Hecht an den Strand geworfen worden sei, der nicht weniger als

60 kg gewogen habe und ganz von Moos überzogen gewesen sei.
Eine freilich nicht genügend verbürgte Überlieferung erzählt, daß
ein im Jahre 1250 von Kaiser Friedrich II. eigenhändig bei Kaisers-
lautern ausgesetzter und gezeichneter Hecht im Alter von 267 Jahren
wieder gefangen worden sei und dann 175 kg (?!) gewogen habe.
Jedenfalls steht soviel fest, daß Wachstum und Gewicht beim Hechte
außerordentlich verschieden sind, je nach der Ergiebigkeit seiner Jagd-
gründe. Erscheinen ihm diese nicht reichhaltig genug, so entschließt
er sich oft zur Auswanderung und scheut sich dabei nicht, kleinere
Hindernisse nach Lachsart zu überspringen. Seine Raubgier ist uner-
meßlich, sein Heißhunger unersättlich, seine Tollkühnheit verblüffend,
seine Kraft und Schnelligkeit bewundernswert, seinem ganzen Wesen
haftet etwas von der brutalen Gewalt verschollener Zeiten an. Man
hat berechnet, daß er zu seiner Erhaltung wöchentlich so viel Fischfleisch benötigt, als er selbst wiegt, und daß er, um 1 kg Gewichts-
zunahme zu erzielen, 25 kg Fische verzehren muß. Wer selbst einmal
Junghechte im Aquarium gehalten hat, dem werden diese Zahlen
eher noch zu niedrig gegriffen erscheinen. So verzehrte ein nur
30 cm langer Hecht im Aquarium täglich 15 Weißfischchen. Die
Jagdweise des Hechtes ist ein heimliches Heranschleichen und plötz-
liches Losschnellen. Oder er liegt stundenlang fast bewegungslos
auf der Lauer. Dabei gewährt sein gleichzeitig kühner und hinter-
listiger Gesichtsausdruck dem Beobachter einen hohen Reiz. Jede
Gemütsregung des Fisches verrät sich in seinen Stellungen, seinem
Augen- und Flossenspiel. Sehr hübsche Beobachtungen hierüber hat
der mehrfach erwähnte Ward gemacht. Bewegungslos liegt der Hecht
im Rohrbett, mit dem Körper gerade auf dem Boden, gestützt auf die
Flossen, alle Muskeln sind schlaff, nur die Rückenlinie zeigt schwache
Bewegung, aber die flach anliegende Rückenflosse offenbart die seelische Ruhe des Tieres. Nur der gierige Blick des Auges verrät,
daß der Hecht trotz alledem ständig auf dem Posten ist. Plötzlich, als
ein sicheres Zeichen von Erregung, richtet sich die Rückenflosse auf
und entfaltet sich, ohne daß jedoch die übrigen Flossen und der
Rumpf in Tätigkeit treten. Augenscheinlich hat der Fisch in einiger
Entfernung einen Lichtstreif entdeckt, als ein Weißfisch sich zur Seite
wandte und so seine Gegenwart verriet. In dem Maße, wie er
sich nähert, wächst die Erregung des Hechtes, was sich deutlich an
weiteren Bewegungen der Rückenflosse erkennen läßt, die herüber

und hinüber schwankt, sich öffnet und schließt wie ein Fächer. Endlich entschließt sich der Hecht zum Angriff und nimmt sogleich eine Haltung an, die deutlich seine Absicht erkennen läßt: er erhebt sich auf den Flossen, alle Muskeln spannen sich, und die Rückenlinie wird infolgedessen gerade wie ein Pfeil. Diese Angriffsstellung ist im Augenblicke unveränderlich, kann aber nur einige Sekunden oder höchstens Minuten beibehalten werden. Verschwindet nun der Weißfisch wieder, so entspannen sich des Hechtes Muskeln, und die Rückenflosse sinkt allmählich herab. Wenn aber das Opfer auch noch weiterhin sich nähert, so schnellt der Hecht, durch eine schraubenartige Bewegung seiner Schwanzflosse getrieben, hervor und gleitet nun langsam vorwärts, indem er hinterlistig jeder Bewegung des Beutefisches folgt. Schöpft der Weißfisch Argwohn, so hält der Hecht inne, und „hängt" bewegungslos im Wasser, zitternd vor Unruhe. Ist aber endlich die richtige Entfernung erreicht, so schnellt der Hecht plötzlich vor und packt den Weißfisch in der Mitte des Körpers. Nur ein kleiner Wirbel auf dem Wasserspiegel gibt der Außenwelt Kunde von dem Drama, das sich soeben abgespielt hat. Mit einer ruckweisen Bewegung der Kinnbacken wirft der Räuber sein Opfer herum und verspeist es mit dem Kopfe voran. Manchmal sieht der Hecht beim Belauern oder Nachschleichen aber etwas, das ihm mißfällt. Dann überkommt ihn der Zweifel: seine Muskeln werden schlaff, der Rücken biegt sich, und der Fisch hängt bewegungslos im Wasser, unausgesetzt den Gegenstand seines Argwohns betrachtend. Fühlt er sich wieder sicher, so wird er abermals steif und schnellt zum Angriff vor; will sich aber sein Argwohn nicht zerstreuen, so schleicht er sich sachte fort. Ist der Angriff etwa fehlgeschlagen, so verändert sich das Bild abermals völlig: mit gebogenem Rücken und zornig schnappendem Rachen sinkt der Hecht enttäuscht zu Boden. Was er einmal mit seinen nach hinten gerichteten Hechelzähnen (der aus Westdeutschland stammende Name Hecht dürfte mit dem Zeitwort „hecheln" zusammenhängen) gepackt hat, das läßt er so leicht nicht wieder aus. Manchmal kann ihm aber gerade die Art seiner Bezahnung zum Verhängnis werden, indem er einen in der Gier gefaßten, allzu großen Bissen nicht loszuwerden vermag und nun elend ersticken muß. Raublustig ist er auch bei vollem Magen, und selbst wenn ihm das Schwanzende des zuletzt verschluckten Fisches noch unverdaut aus dem Maule ragt, schnappt er schon wieder nach neuer Beute, wie die Erfahrungen der Angler sattsam beweisen. Alles ist ihm recht, nur vor dem Stichling hat er einigen Respekt, aber sonst schont er nicht einmal jüngere und kleinere Angehörige der eigenen Art, ist vielmehr ein ausgesprochener Kannibale. Bilden auch Fische der verschiedensten Art seine Hauptnahrung, so erjagt er doch auch im Wasser sich tummelnde Säuger, Frösche, sich badende oder trinkende Vögel, junge Enten und Wasserhühner, wo immer sich ihm Gelegenheit bietet. Nagender Heißhunger verleitet ihn bis= weilen zu den unglaublichsten Taten und zu ganz zwecklosen An= griffen. So berichtet Wagener aus Irland, daß ein am Flusse trin= kendes Kalb plötzlich laut aufschrie, und als man hinzueilte, fand sichs, daß ihm ein größerer Hecht an der Nase hing, den das erschreckte Tier 50 Schritte weit mit forttrug, worauf ein wohlgezielter Stein= wurf den Räuber zur Strecke brachte. Verbürgte Fälle sind bekannt, daß Schwäne von Hechten am Halse gepackt, unter Wasser gezogen und ertränkt wurden. Am Badestrand zu Rossatz in der Wachau verspürte unlängst ein junges Mädchen einen heftigen und schmerz= haften Anprall an der Hüfte. Es zeigte sich, daß sie einen tief eindringenden Biß davongetragen hatte, der aus einer ziemlichen Anzahl nadelstichartiger, im Halbkreis angeordneter Wunden bestand, so daß kaum ein Zweifel obwalten konnte, daß ein gewaltiger Donauhecht der Angreifer gewesen war. Dieses Exemplar scheint also eine Vorliebe für „Backfische" besessen zu haben. Über einen ganz unglaublichen Vorfall berichtete kürzlich die Wiesbadener Zeitung: aus einem See bei Wollstein suchte ein neunjähriger Knabe Hechte zu fangen, wozu er ein Loch in die Eisdecke schlug. In dem= selben Augenblicke schnellte ein 16 pfündiger Hecht empor und verbiß sich in dem Arm des Knaben. Dieser wurde später samt dem Hecht erfroren auf dem Eise aufgefunden (?). Fischzüchter pflegen Hechte in die mit älteren Karpfen bevölkerten Teichen einzusetzen, damit sie Leben in diese faule Gesellschaft bringen und die als Nahrungs= mitbewerber auftretenden Weißfische wegfangen sollen. Doch ist da= bei immer eine gewisse Vorsicht am Platze, und man darf die Hechte keinesfalls zu groß werden lassen, damit sie sich nicht als „Wolf im Schafstall" entpuppen. Seine schrankenlose Freßgier verurteilt den Hecht zur Einsamkeit, und nur zur Laichzeit sucht er seinesgleichen auf. Schon ganz zeitig im Frühjahr, wenn noch Eisstücke auf den Wassern schwimmen, schreitet er zur Fortpflanzung und begibt sich

dann an die seichtesten Stellen, selbst in kleine Gräben und auf über=
schwemmte Wiesen, wobei er nicht selten seine Lust mit dem Leben
büßen muß. Hier kann er sogar mit Pfeil und Bogen oder mit der
Schrotflinte erlegt oder mit der Hechtgabel gestochen werden, was
namentlich nachts bei Fackelschein recht lohnend ist, und wobei nicht
selten beide Gatten gleichzeitig durchbohrt werden. Eigentlich ist diese
Fangart verpönt, wird aber doch in Norddeutschland vielfach aus=
geübt. Auch der Angler hat am Hecht seine Freude, da er in seiner
blinden Raubgier fast jeden Köder annimmt. Obgleich das Hecht=
fleisch etwas trocken und ziemlich grätig ist, findet es doch viele Lieb=
haber, ja begeisterte Lobredner. Aus eigener Erfahrung kann ich
versichern, daß die jungen „Grashechte", wenn man sie oberflächlich
in der glimmenden Asche des Lagerfeuers röstet, eine treffliche Mahl=
zeit abgeben, aber bezüglich der Riesenhechte halte ich es mit Mar=
shall, der den Genuß eines solchen mit demjenigen eines wohlge=
spickten Nadelkissens vergleicht. Mittelgroße Hechte munden am
besten, wenn sie wie Hasenbraten gespickt und gebraten und mit
saurer Sahnensauce begossen werden.

Der Riese unter unseren Süßwasserfischen ist der massige,
ungeschlachte, dickköpfige, breitmäulige, mit zwei langen und zwei
kurzen Barteln versehene Wels (Silúrus glánis) oder Waller, dessen
Rückenflosse auffallend kurz, dessen Afterflosse dagegen ungewöhn=
lich umfangreich ist und dessen glatter und schlüpfriger Haut die
Schuppen vollständig fehlen. Während der Bauch weißlich ist, hat
der Rücken eine düstere Schlammfarbe, die in Anpassung an die Ver=
stecke des mächtigen Tieres zwischen dem Wurzelwerk überhängender
Ufer öfters in eigentümlich zerrissener Weise marmoriert erscheint.
Hier liegt der Wels, der sich am liebsten in langsam fließendem
Wasser mit reichem Pflanzenwuchs und morastigem Untergrunde auf=
hält, tagsüber in träger Ruhe und läßt lediglich seine Bartfäden
spielen, um nach den dadurch angelockten Fischen zu schnappen. Er
ist überwiegend Nachttier und ein ganz gewaltiger Räuber dazu. Bei
seiner Größe (er wird über 3 m lang und bis zu 250 kg schwer)
vermag er recht umfangreiche Bissen, wie Gänse, hinunterzuwürgen,
und es ist durchaus keine Fabel, wenn man behauptet, daß sogar
badende Kinder ernstlich durch ihn gefährdet werden können. Bei
uns in Deutschland sind so große Welse freilich eine Seltenheit, zahl=
reich aber habe ich sie am Kaspi gesehen. Dort kamen die Fische

Anfang April (alle mir zugänglichen Lehrbücher geben fälschlich Mai und Juni an) massenhaft zum Laichen in die flachen, rohrbewachsenen Uferbuchten, wo die Rogner ihre verhältnismäßig sehr kleinen und auch nicht übermäßig zahlreichen (etwa 20000) Eier, aus denen ein minderwertiger Kaviar gewonnen wird, an den Rohrstengeln abstrichen. Die fast wie Kaulquappen aussehenden Jungen schlüpfen schon nach acht Tagen aus. Während ich von dem für den Kaspi überall angegebenen Grundangelbetrieb nirgends etwas gesehen habe, sperrten die Fischer solche Buchten und Flußmündungen nach dem Eintreten der Welse mit großen und starken Netzen ab und trieben die Tiere durch Vorrücken derselben schließlich in einem Winkel zusammen. Auf kleinem Raum waren dann viele Tausende der mächtigen Fischleiber zusammengedrängt, und zwischen diesem wallenden Gewimmel fuhren die Tataren wagehalsig auf kleinen, schwanken Booten herum und harpunierten mit großen Stoßlanzen einen der gewichtigen Fische nach dem anderen heraus, um ihn dann mit gewaltigem Schwung an Bord des von Armeniern besetzten Fischkutters zu werfen. Oft mußten zwei oder drei Mann zugreifen, um die schweren Fische zu heben, und nicht selten geschah es dabei, daß sie trotzdem insgesamt das Übergewicht bekamen und in das aufspritzende Wasser mitten zwischen die geängstigten Fischriesen stürzten. Dazu der glührote Fackelschein, das Geschrei der aufgeregten Männer, das betäubende Gekreisch der unzähligen großen Möwen, die sich um die fortgeworfenen Eingeweide zankten, der gespenstige Anblick, den die auf dem Meer schaukelnden, abgeschnittenen und im unsicheren Mondeslicht wie Menschenhäupter aussehenden Welsköpfe boten — das alles vereinigte sich zu einem so eigenartigen Bilde, daß ich es nie vergessen kann. Einmal habe ich auch selbst am lichten Tage einen in der Nähe des Ufers schwimmenden Wels mit Vogeldunst erlegt, der auf den Schuß hin sofort die weiße Bauchseite nach oben kehrte. Das weiße, fette Welsfleisch, auf das ich dort vielfach zu meiner Ernährung angewiesen war, habe ich besser befunden, als seinen Ruf, und nur bei sehr alten Stücken schmeckt es etwas tranig, ist dann auch für einen verwöhnten Gaumen zu zäh. Eine gewisse äußere Ähnlichkeit mit dem Wels besitzt die freilich nur 60 cm lang und höchstens 8 kg schwer werdende, äußerst räuberisch veranlagte Quappe (Lóta lóta), auch Aalraupe oder Trüsche genannt. Walzenförmiger Leib, dicker Kopf, kleine Beschuppung und kurze Kinn-

barteln bilden ihre hervorstechendsten Merkmale. Mit dem Wels hat
sie an und für sich nichts zu tun, gehört vielmehr in die Verwandtschaft der weichstrahligen Schellfische, hat aber doch in der Lebensweise viel Gemeinsames mit dem Waller. Wie dieser ist sie ein
ausgesprochener Nacht- und Bodenfisch, hält auch ähnliche Standorte
ein, obschon sie mehr Wert auf reine Beschaffenheit des Wassers
legt und deshalb hoch in den Gebirgsflüssen emporsteigt, wo dann
Forellenbrut ihre Lieblingsnahrung bildet. Den geschmeidigen Leib
schiebt sie mehr kriechend als schwimmend über den Boden hin, schießt
aber blitzschnell durchs Wasser, wenn man sie durch Aufheben eines
Steines aus ihrem Schlupfwinkel aufstöberte. Sonst sehr ungeselliger
Natur vereinigt sie sich doch während der in die kälteste Jahreszeit
fallenden Laichperiode zu wahren Knäueln. Steinbuch will beobachtet
haben, daß während des Laichaktes eine innige Vereinigung beider
Geschlechter stattfinde, die dabei durch ein von ausgeschiedenem Milch-
saft gebildetes Band fest zusammengehalten würden, doch hat diese
höchst auffällige Entdeckung eine spätere und einwandsfreie Bestäti-
gung von anderer Seite meines Wissens bisher nicht erfahren. Die
Quappenleber fand früher in der Arzneikunde Verwendung, und
aus der Haut der zählebigen Tiere bereitet man in Sibirien nicht
nur Kleidungsstücke, sondern sogar — Fensterscheiben. Das Fleisch
wird sehr verschieden beurteilt, im allgemeinen aber wenig gewür-
digt. Mit Unrecht! Es ist zart, fett, grätenarm und von eigen-
artigem Wohlgeschmack. Wer es richtig schätzen lernen will, der
lasse sich von seiner Eheliebsten einmal die Nationalspeise der ostpreußischen Haffischer, „bunte Fische", bereiten. Verschiedene Lagen
zerschnittener Kartoffeln wechseln mit ebensoviel Schichten Fischfleisch
ab. Je mehr, desto besser! Wichtig ist, daß die unterste Schicht
durch einen recht fetten Fisch gebildet wird, und dazu eignet sich die
Quappe mehr als jeder andere, wenn sie auch im Notfall durch Aal
ersetzt werden kann. Nach Beigabe des nötigen Wassers und unter
Zufügung der üblichen Gewürze, schraubt man dann den Topf zu
und läßt das Ganze nach Art des Pichelsteiner Fleisches dünsten,
wobei sich der köstliche Fischgeschmack in die zerfallenden Kartoffeln
zieht. Probatum est! Ab und zu wird in unseren Gewässern auch
einmal ein Angehöriger der zu den Schmelzschuppern gehörigen
Familie der Störe (Acipénser) gefangen, die durch ihren köstlichen
Kaviar weltberühmt geworden sind, indessen betrachten wir diese

eigenartige, mehr im Osten beheimatete Gruppe wohl besser erst im
nächstjährigen Kosmosbändchen, das von den ausländischen Fischen
handeln soll.

Sehr tiefstehende, aber in mehr als einer Beziehung hochinteres-
sante Fische — wenn man sie überhaupt noch zu den Fischen zählen
darf — sind die wurmförmig gestalteten, als „Rundmäuler" eine
besondere Ordnung bildenden Neunaugen. Ihren Namen haben
sie davon, daß man die sieben Kiemenspalten jederseits und das un-
paare Nasenloch als „Augen" mitgezählt hat. Das
Auffallendste an diesen, der paarigen Flossen ent-
behrenden Geschöpfen ist der rüsselförmig vorge-
streckte Mund mit seiner kreisrunden Saugscheibe,
von deren Gestaltung unsere Abbildung eine gute
Vorstellung gibt. Will sich das Tier damit irgendwo ansaugen, so braucht es bloß den Zungen-
stöpsel zu heben, dadurch einen luft- bezgl.
wasserleeren Raum zu schaffen und die Saugscheibe fest gegen den erwählten Gegenstand zu
drücken. Es haftet dann so fest, daß man
z. B. eine dreipfündige Makrele samt einem

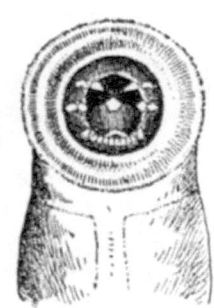

Mundscheibe
des Neunauges.

zehnpfündigen Stein, an den sie sich angesogen hat, aus dem
Wasser heben kann. Die Neunaugen machen von dieser Fähigkeit namentlich auch während des Laichgeschäftes Gebrauch, indem
sie oberhalb der Laichstelle ziemlich große Steine ansaugen, sich
mühsam mit ihnen erheben und sich dann langsam und absatzweise
von der Strömung bis zu dem Hochzeitslager treiben lassen. Beide
Geschlechter beteiligen sich fleißig an dieser beschwerlichen Arbeit, und
unsere größte Art, die Lamprete (Petromyzon marínus) schleppt
dabei mehrpfündige Steine mit der Geschicklichkeit eines Ingenieurs
fort, um sie schließlich zu einem Haufen von Armeslänge und 60
bis 80 cm Höhe aufzutürmen, in den dann das Weibchen seine Eier
hineinlegt, während die ausschlüpfenden Jungen in den engen Zwi-
schenräumen zwischen den Steinen und in deren Spalten selbst geeignete Schlupfwinkel finden. Beim Bachneunauge oder der Zwergbricke (Petromyzon pláneri) hat ein Aquarienfreund auch gesehen,
daß sie sich im Bodensand aus Steinen förmliche Wohnröhren baute,
in denen das lichtscheue Geschöpf tagsüber verborgen lag. Weiter
dient die Saugscheibe den Neunaugen aber auch noch zum Nahrungs-

erwerb. Bei der Lamprete und bei dem Flußneunauge oder der Pricke (Petromyzon fluviátilis) wenigstens ist es zweifellos fest= gestellt, daß sie eine teilweise parasitäre Lebensweise führen, indem sie größere Fische ansaugen, ihnen mit den Raspelzähnen ihrer Zunge Haut und Fleisch durchsägen und sich den Nahrungsbrei einpumpen, während bezüglich der kleineren und harmloseren Zwergbricke die Untersuchungen über diesen Punkt noch nicht abgeschlossen sind. Man hat schon Fische gefunden, die von Neunaugen buchstäblich in zwei Stücke zersägt waren. So vermögen sie zu furchtbaren Quälern und Feinden anderer Fische zu werden, zumal sie auch viel Fischlaich ver= zehren, der neben allerlei Gewürm ihre bevorzugte Speise auszu= machen scheint. Gar nicht unwahrscheinlich ist es, daß sie sich von ihren beschuppten Reitpferden auch auf ihren Wanderungen gern ein Stück Weges tragen lassen, da sie selbst mit ihren schlängelnden Bewe= gungen nur mühsam größere Strecken zurücklegen können. Auf diese Weise dürfte auch das vereinzelte Vorkommen von Lampreten in Gegenden zu erklären sein, die sie sonst nicht aufsuchen, so im Oberrhein, wohin sie wahrscheinlich durch Lachse verschleppt wurden. Interessant ist die Entwicklung der Neunaugen, die ein Gegenstück zu derjenigen des Aales darstellt. Denn wie bei diesem entschlüpft dem Ei nicht das fertige Tier, sondern eine unfertige Zwischenform, eine Art Larve, die unter dem Namen „Querder" schon lange bekannt ist, aber früher für eine besondere Fischart gehalten wurde. Zeitweise findet man nur solche Querder in den Gewässern, da die alten Neun= augen bald nach Beendigung des Laichgeschäftes absterben. Der wurmförmige Querder ist blind, von schmutzig gelblicher Farbe, ohne Metallglanz, ohne getrennte Flossen, ohne richtige Saugscheibe und ohne Geschlechtsorgane. Im Schlamm und Moder, den er freiwillig kaum verläßt und von dessen verwesenden Bestandteilen er sich nährt, führt er ein höchst stumpfsinniges Dasein. Nur ganz allmählich und langsam geht die tiefgreifende, mehrere Jahre beanspruchende Ver= wandlung zum geschlechtsreifen Neunauge vor sich. Während die Zwergbricke das Süßwasser zeitlebens nicht verläßt, sucht es die sonst im Meer hausende Lamprete nur zur Laichzeit auf, und die Pricke pendelt zwischen beiden hin und her, scheint sich aber am lieb= sten im Brackwasser aufzuhalten. Sicherlich sind alle drei Formen aus einem gemeinsamen Grundtypus in Anpassung an diese ver= schiedenen Wohnorte hervorgegangen. Am zahlreichsten treten die

beiden größeren Formen an unserem Ostseestrande und in den dort
einmündenden Strömen auf, so namentlich bei Elbing, bei Memel
und in den sich ins Kurische Haff ergießenden Strömen, und nur in
diesen Gegenden hat ihr Fang in besonderen Brickensäcken wirtschaftliche Bedeutung zu erlangen vermocht. Die Feinschmecker in den
genannten Städten warten aber mit großer Sehnsucht auf das Ein-
treffen der ersten Brickenfänger im Frühherbst. Ich erinnere mich,
daß in Memel dieses frohe Ereignis durch einen Böllerschuß und das
Aufziehen einer roten Flagge auf einer kleinen Strandkneipe urbi
et orbi verkündigt wurde. Dann eilten alle Leckermäuler dorthin
und ließen sich die im eigenen Fett frisch auf dem Rost gebratenen
Neunaugen trefflich schmecken. Man darf aber des Guten nicht zu
viel tun, da sie schwer verdaulich sind, und handelt weise, wenn
man einen Kümmel draufsetzt. Leider lassen sich so geröstete Bricken
nicht verschicken, und der Binnenländer, der sie nur als marinierte
Fische kennt, hat keine Ahnung von ihrem köstlichen Wohlgeschmack.
Leider nehmen diese Schmarotzerfische rasch ab, und ihre ganze Or-
ganisation weist ja schon darauf hin, daß sie eigentlich in ein früheres
Zeitalter hineingehören. Gegenwärtig sollen jährlich nur noch etwa
5—6000 Schock in Ost- und Westpreußen gefangen werden, und
demgemäß ist auch der Preis gestiegen. Leider ist es noch nicht
gelungen, Neunaugen zu züchten und uns so vielleicht einen Weg zu
zeigen, auf dem wir unseren Feinschmeckern diesen sonderbaren
„Fisch“, dieses Wirbeltier ohne Wirbelsäule, wenigstens künstlich
erhalten könnten. Hier läge eine ebenso lohnende wie wissenschaftlich
interessante Aufgabe für biologische Versuchsanstalten vor.

Der Maifisch oder die Alse (Clúpea alósa) mit dem tief gespal-
tenen Maul und den beiden merkwürdigen Flügelschuppen vor der
Schwanzflosse kann uns zu der wirtschaftlich so hochwichtigen Gruppe
der Heringe hinüberleiten, denn er läßt sich recht gut als der Hering
des Süßwassers charakterisieren, und auch seine kleinere und etwas
später erscheinende Abart, die Finte, verrät selbst dem Laien sofort
ihre Zugehörigkeit zur großen Heringsfamilie. Auch der Maifisch
verbringt den größten Teil seines Daseins im Meere und wandert
nur zur Laichzeit in den Flüssen aufwärts, indem er sich mit seltener
Pünktlichkeit an ihren Mündungen einstellt und dann in großen
Scharen dicht unter der Oberfläche und mit vielem Gelärm, das
durch fortwährende Schwanzschläge verursacht wird, sich aber wie

Schweinegrunzen anhören soll, flußaufwärts zieht. So werden seine
Wanderungen sehr auffällig und sind denn auch von jeher von den
Fischern weidlich ausgenutzt worden. Zum Überspringen von Hinder=
nissen entschließt sich dieser behäbige und phlegmatische Fisch aber
nicht leicht, macht deshalb auch nur selten von den angelegten Fisch=
leitern Gebrauch und fehlt daher heute schon vielfach wegen der vielen
Wehre in Gewässern, wo er früher eine regelmäßige und gern
gesehene Erscheinung war, wie im Main. Man sagt auch ihm nach,
daß er während der ganzen Reise fasten soll, und jedenfalls sind
die wenigen Maifische, die den Zähnen der Raubfische und den Netzen
der Menschen entgingen und nach beendigtem Laichgeschäft wieder
zum Meere zurückkehren, jämmerlich abgemagert und völlig er=
schöpft, so daß auch der sie mit Verachtung straft, dem im Frühjahr
der feiste Fisch trotz seiner vielen Gräten als ein köstlicher Lecker=
bissen erschien. Dagegen soll der im Meere lebende Maifisch auch
nichts wert sein, und es scheint, daß er erst eine Zeitlang Süßwasser
kneipen müsse, um der menschlichen Tafel würdig zu werden. Bei
der Rückkehr, die nach dem stolzen und geräuschvollen Frühlings=
einzug anmutet wie die Rückkehr der großen Armee aus den Schnee=
feldern Rußlands, sterben viele vor Ermattung, und man sieht dann
ihre Leichname oft massenhaft stromabwärts treiben. Leider wird
auch dieser Fisch, der einst bei Speyer zu Tausenden mit Schaufeln
dem Rhein entnommen werden konnte, bei uns immer seltener, wozu
namentlich die Raubfischerei der Holländer beitragen mag, die die
Rheinarme mit einer mehrfachen Netzwand ihrer ganzen Breite nach
abzusperren pflegen, so daß der weitaus größte Teil der wandernden
Fische schon hier ein frühzeitiges Ende findet.

In richtiger Erkenntnis von der steigenden wirtschaftlichen Be=
deutung unserer Süßwasserfischerei, die durch die Verunreinigung
der Gewässer vielfach zurückgegangen war, sich neuerdings aber
mit Hilfe der künstlichen Fischzucht wieder gehoben hat, haben die
Regierungen während der letzten Jahre die gesetzlichen Vorschriften
zu ihrer Erhaltung beträchtlich ausgebaut und erweitert, die auf
Fischfrevel gesetzten Strafen bedeutend verschärft. So begrüßens=
wert das ist, muß doch der Naturfreund bedauern, daß man dabei
im Übereifer vielfach über das Ziel hinausgeschossen ist und ins=
besondere der systematischen Vernichtung der Fischfeinde eine ganz
übertriebene Bedeutung beigelegt hat. Wohin soll es z. B. führen,

wenn, wie der neue preußische Fischereigesetzentwurf vorsieht, künftig der Fischer das Recht haben soll, ohne Rücksicht auf den Jagdinhaber fischfressende Vögel zu vertilgen und sogar ihre Nester zu zerstören? Dann wären wir auch die letzten Reste von Reiher= kolonien u. dgl. bald los, für Eisvogel und Wasseramsel hätte die Todesstunde geschlagen, und die traurige Verödung unserer einst so reichen Natur wäre wieder um einen Riesenschritt weiter. Nein, gerade der Fischer, der den unerschöpflichen Reichtum des Wassers kennt, wie kein anderer, sollte auch die Wahrheit des alten Spruches erkennen: Raum für alle hat die Erde!

Register

══ Satzung ══

§ 1. Die Gesellschaft Kosmos (eine freie Vereinigung der Naturfreunde auf geschäftlicher Grundlage) will in erster Linie die Kenntnis der Naturwissenschaften und damit die Freude an der Natur und das Verständnis ihrer Erscheinungen in den weitesten Kreisen unseres Volkes verbreiten.

§ 2. Dieses Ziel sucht die Gesellschaft zu erreichen: durch die Herausgabe eines den Mitgliedern **kostenlos** zur Verfügung gestellten naturwissenschaftlichen Handweisers (§ 5); durch Herausgabe neuer, von hervorragenden Autoren verfaßter, im guten Sinne gemeinverständlicher Werke naturwissenschaftlichen Inhalts, die sie ihren Mitgliedern **unentgeltlich** oder zu **einem besonders billigen Preise** zugänglich macht, usw.

§ 3. Die Gründer der Gesellschaft bilden den geschäftsführenden Ausschuß, den Vorstand usw.

§ 4. **Mitglied kann jeder werden**, der sich zu einem Jahresbeitrag von M 4.80 = K 5.80 h ö. W. = Frs 6.40 (exkl. Porto) verpflichtet. Andere Verpflichtungen und Rechte, als in dieser Satzung angegeben sind, erwachsen den Mitgliedern nicht. Der Eintritt kann **jederzeit** erfolgen; bereits Erschienenes wird nachgeliefert. Der Austritt ist gegebenenfalls bis 1. Oktober des Jahres anzuzeigen, womit alle weiteren Ansprüche an die Gesellschaft erlöschen.

§ 5. Siehe vorige Seite.

§ 6. Die Geschäftsstelle befindet sich bei der **Franckh'schen Verlagshandlung, Stuttgart,** Pfizerstraße 5. Alle Zuschriften, Sendungen und Zahlungen (vgl. § 5) sind, soweit sie nicht durch eine Buchhandlung Erledigung finden konnten, dahin zu richten.

⬧ ⬧ Kosmos ⬧ ⬧
Handweiser für Naturfreunde

Erscheint jährlich zwölfmal — 2 bis 3 Bogen stark — und enthält:

Originalaufsätze von allgemeinem Interesse aus sämtlichen Gebieten der Naturwissenschaften. Reich illustriert.

Regelmäßig orientierende Berichte über Fortschritte und neue Forschungen auf allen Gebieten der Naturwissenschaft.

Auskunftstelle — Interessante kleine Mitteilungen.

Mitteilungen über Naturbeobachtungen, Vorschläge und Anfragen aus dem Leserkreise.

Bibliographische Notizen über bemerkenswerte neue Erscheinungen der deutschen naturwissenschaftlichen Literatur.